建筑水暖电识图轻松会

阳鸿钧 等 编著

JIANZHU
SHUINUANDIAN SHITU
QINGSONGHUI

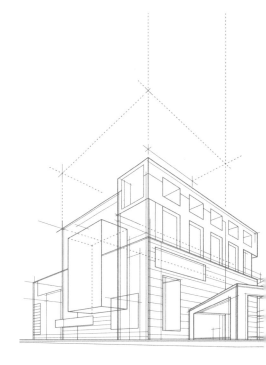

化学工业出版社

·北京·

内 容 简 介

本书详细介绍了建筑给排水、雨水与废水工程识图基础和识读案例；建筑采暖工程识图基础和识读案例；建筑空调工程识图基础和识读案例；建筑电气工程识图基础和识读案例；建筑消防工程水电识图基础和识读案例等内容。本书采用双色图解的方式将重点内容标示出来，具有直观性，同时结合工地实景照片与视频讲解，具有实用性，方便读者学习和使用。

本书可供建筑施工人员、建筑装饰施工人员、建筑工程管理人员、监理技术人员、土建类专业有关人员、暖通空调工、电工、管工、给排水工、电气工程师、消防工程师等参考阅读，也可供建筑工程制图人员、社会自学人员参考阅读。另外，还可以作为大中专院校相关专业、培训学校等师生的参考用书。

图书在版编目（CIP）数据

建筑水暖电识图轻松会 / 阳鸿钧等编著. --北京：
化学工业出版社，2024. 11. --ISBN 978-7-122-46467
-5

Ⅰ.TU204

中国国家版本馆CIP数据核字第2024DR0420号

责任编辑：彭明兰　　　　　　　　　文字编辑：邹　宁
责任校对：宋　玮　　　　　　　　　装帧设计：史利平

出版发行：化学工业出版社
　　　　　（北京市东城区青年湖南街13号　邮政编码100011）
印　　装：北京云浩印刷有限责任公司
787mm×1092mm　1/16　印张 $11\frac{3}{4}$　字数288千字
2025年3月北京第1版第1次印刷

购书咨询：010-64518888　　　　　　售后服务：010-64518899
网　　址：http://www.cip.com.cn
凡购买本书，如有缺损质量问题，本社销售中心负责调换。

定　　价：59.80元　　　　　　　　　版权所有　违者必究

怎样看施工图，如何识图？如何快速读懂建筑水暖电施工图？本书从夯实基础、点拨技能、实战工程的角度，教你轻松学会建筑水暖电识图技能、具备看图识图本领。本书脉络清晰、重点突出，尤其注重实用性。

本书内容共 5 章，详细介绍了建筑给排水工程、雨水工程、废水工程、建筑采暖工程、建筑空调工程、建筑电气工程、建筑消防工程等有关识图基础，并结合案例做了详细解析说明。

本书的特点如下：

（1）直接在真实的施工图上标注识图节点，直观性更强。

（2）识图基础＋案例解读，学以致用，实用性更强。

（3）单元识图＋套图讲解，从局部到整体，完整性更好。

本书在编写过程中参考了有关标准、规范、要求、政策、方法等资料，从而保证本书内容新，符合现行工程需要。

本书可供建筑施工人员、建筑装饰施工人员、建筑工程管理人员、监理技术人员、土建类专业有关人员、暖通空调工、电工、管工、给排水工、电气工程师、消防工程师等参考阅读，也可供建筑工程制图人员、社会自学人员参考阅读。另外，还可以作为大中专院校相关专业、培训学校等师生的参考用书。

本书在编写过程中，参考了一些珍贵的资料、文献、网站，在此向这些资料、文献、网站的作者深表谢意！同时，本书的编写还得到了一些同行、朋友及有关单位的帮助与支持，在此，向他们表示衷心的感谢！本书由阳鸿钧、阳育杰、阳许倩、许四一、阳红珍、许小菊、阳梅开、阳苟妹、欧小宝、许满菊、许秋菊等人员参加编写或提供相关支持和协助。

由于时间有限，书中难免存在不足之处，敬请批评、指正。

目录

第 1 章　给排水、雨水与废水工程识图　1

第5章 消防工程水电识图 159

第 **1** 章

给排水、雨水与废水工程识图

1.1 识图基础与单元图识读

1.1.1 管道表达的单线图与双线图

建筑工程项目给排水、雨水与废水等工程图，往往涉及管道。图中管道的表达，常见的有单线、双线表达，即对应单线图、双线图，如图 1-1 所示。

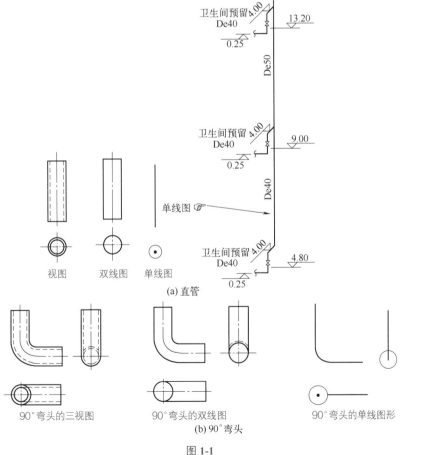

管道表达的单线
图与双线图

扫码观看视频

图 1-1

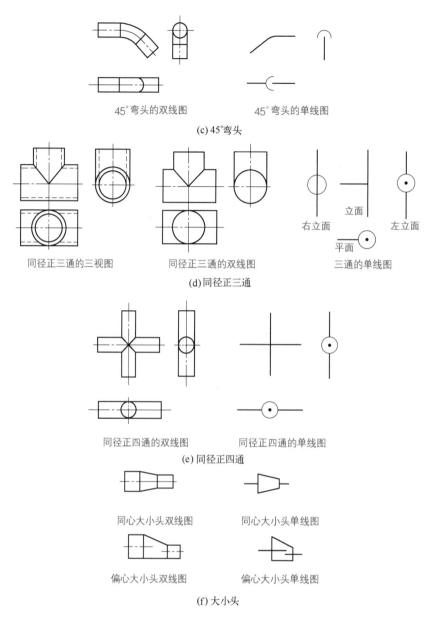

45°弯头的双线图　　　　45°弯头的单线图

(c) 45°弯头

同径正三通的三视图　　　同径正三通的双线图　　　三通的单线图

右立面　　立面　　左立面

平面

(d)同径正三通

同径正四通的双线图　　　同径正四通的单线图

(e) 同径正四通

同心大小头双线图　　　　同心大小头单线图

偏心大小头双线图　　　　偏心大小头单线图

(f) 大小头

图 1-1　单、双线管道图

1.1.2　管道单线图的双线视图识图法

管道单线图的识图方法：看线条与符号，找关系，想双线图、想视图、想形状、想联系，如图 1-2 所示。

1.1.3　管道平面图的补画识图法

管道平面图转想立面图的一种方法，就是补画视图法，即根据管线的平面图以及投影原

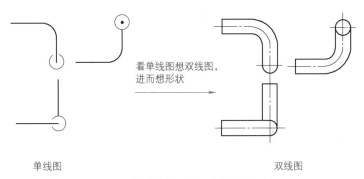

图 1-2　管道单线图的双线视图识图法

理、投影关系，通过对线条、找关系，想（或者补画）侧立面图、正立面图，从而掌握管道平面图的立体表达，如图 1-3 所示。

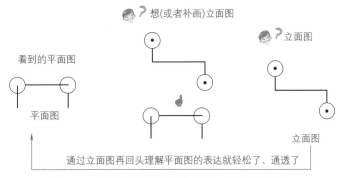

图 1-3　管道平面图转想侧立面图、立面图的方法

1.1.4　直管与弯管积聚的识图

根据投影积聚原理，一根直管积聚后的投影用双线图的形式表示是一个小圆，用单线图的形式表示是一个点。直管与弯管的积聚如图 1-4 所示。直管与阀门、弯管与阀门的积聚如图 1-5 所示。

了解积聚的特点，对于掌握管道图例与功能以及正确、快速识图有帮助。

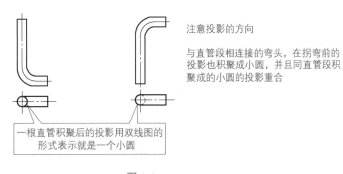

图 1-4

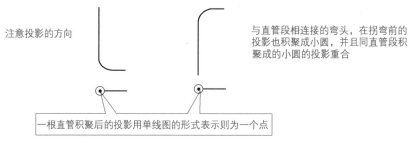

图 1-4 直管与弯管的积聚

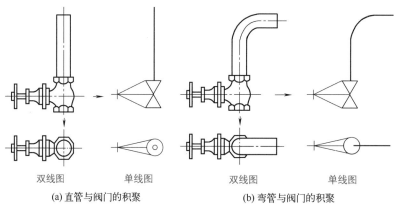

(a) 直管与阀门的积聚　　　　(b) 弯管与阀门的积聚

图 1-5 直管与阀门、弯管与阀门的积聚

1.1.5 管道重叠的识图

长短相等、直径相同的两根或者两根以上的管道，如果叠合在一起，其投影是完全重合的，反映在投影面上就会像是一根管子的投影，这种现象就是管道的重叠。

有的管道工程图中，为了使重叠管线表达清楚，采用折断显露法表示。

折断显露法，就是假想将前（或上）面的管道截去一段，画上折断符号，从而显露出后面（或下面）的管道的表达方法。

管道重叠的表达如图 1-6 所示。

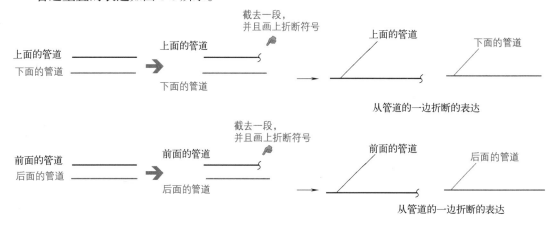

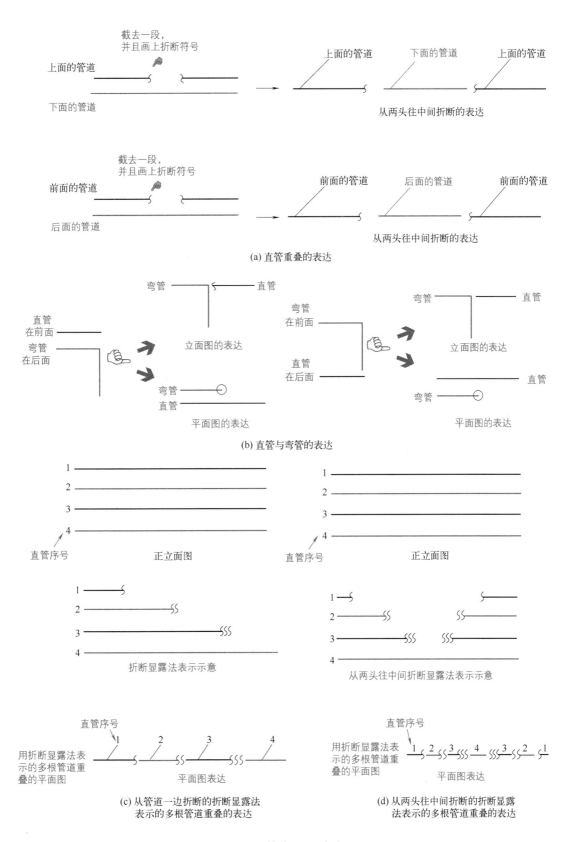

图 1-6　管道重叠的表达

1.1.6　管道交叉的识图

管道交叉的情况有单线图管道在平面图、立面图的交叉；两条双线图直管的交叉；单、双线图管道在平面图、正立面图上的交叉等情况，其识读方法如图1-7所示。

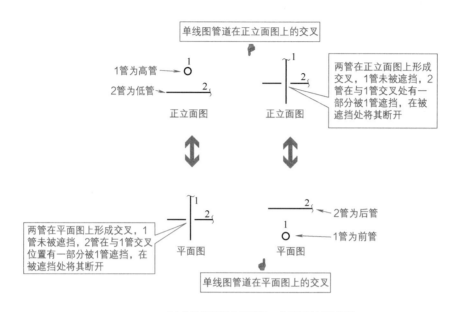

(a) 单线图管道在平面图、立面图交叉的识读

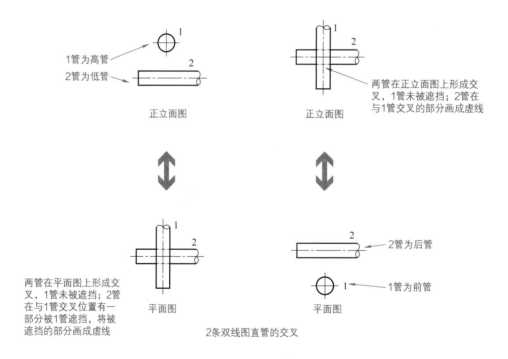

(b) 两条双线图直管交叉的识读

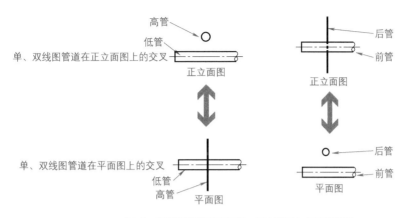

(c) 单、双线图管道在平面图、正立面图上交叉的识读

图 1-7　管子交叉的识图

1.1.7　平面图、立面图与系统图识图对照常识

管道轴测图、系统图,有的采用斜二测画法,有的采用正等测画法。

管道轴测图、系统图,一般是根据比例绘制的,但是,有的图为了增强轴测图、系统图的立体感,采用斜二测画法,其坐标 X 方向、Y 方向、Z 方向采用的比例是不同的。常见做法如下:

X 方向根据实长的一半绘制线条;

竖直 Z 方向根据实长绘制线条;

横向 Y 方向根据实长绘制线条。

为了展示立体感,系统图中管道会有弯向表示。斜二测轴测图常规下通常是 $90°$ 弯向。

采用斜二测轴测图时系统图的特点如图 1-8 所示。平面图与系统图的识图对照图解如图 1-9 所示。

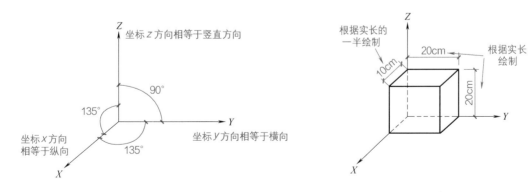

(a) 斜二测空间三个坐标轴 X、Y、Z 图示　　　　(b) 边长为20cm的盒子的斜二测轴测图图示

图 1-8　采用斜二测轴测图时系统图的特点

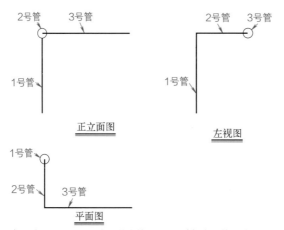

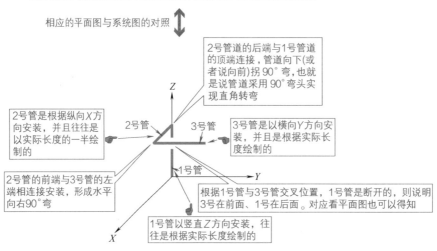

图 1-9　平面图与系统图的识图对照图解

1.1.8　平面图、立面图与系统图识图对照示例

平面图与系统图的对照识读图解如图 1-10 所示。

看该图可知，3 号管与 1 号管是前后关系：3 号为前管、1 号管为后管。

5 号管与 3 号管是前后关系：5 号管为前管、3 号管为后管。

前后关系可以根据系统图中"断后不断前"的画法来判断，即前管交叉位置是完整绘出的，后管交叉位置则是断开表示的。

1.1.8.1　平面图与系统图的比较

平面图中的横管在斜二测画法的系统图中也是横画的线管（横管），例如图中 1 号管、5 号管。

平面图中的纵管在斜二测画法的系统图中是斜画的线管（斜管），例如图中 2 号管、4 号管。

平面图中的圆圈在斜二测画法的系统图是垂直的线管（垂直管），例如图中 3 号管。垂直管，有向下、向上等情况。识图时，可以看图示是管背还是管口来判断。

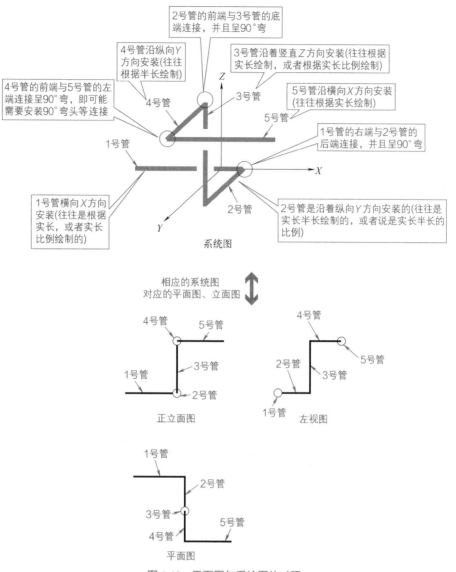

2号管的前端与3号管的底端连接，并且呈90°弯

4号管沿纵向Y方向安装(往往根据半长绘制)

3号管沿着竖直Z方向安装(往往根据实长绘制，或者根据实长比例绘制)

4号管的前端与5号管的左端连接呈90°弯，即可能需要安装90°弯头等连接

5号管沿横向X方向安装(往往根据实长绘制)

1号管的右端与2号管的后端连接，并且呈90°弯

1号管横向X方向安装(往往是根据实长，或者实长比例绘制的)

2号管是沿着纵向Y方向安装的(往往是实长半长绘制的，或者说是实长半长的比例)

系统图

相应的系统图对应的平面图、立面图

正立面图

左视图

平面图

图 1-10　平面图与系统图的对照

1.1.8.2　立面图与系统图的比较

立面图中的横管在斜二测画法的系统图中也是横画的线管（横管），例如图中 1 号管、5 号管。

立面图中的竖管在斜二测画法的系统图中也是垂直画的线管（垂直管），例如图中 3 号管。

立面图中的竖圆圈在斜二测画法的系统图中是斜画的线管（斜管），例如图中 2 号管、4 号管。

1.1.9　管线正等测图的识图法

正等测图的轴间角 $XOY=XOZ=YOZ=120°$，OZ 轴一般画成铅垂方向，OX 轴、OY 轴与水平线成 30° 角，如图 1-11 所示。管线正等测图的读法图解如图 1-12 所示。

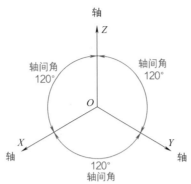

正等测图的轴间角XOY=XOZ=YOZ=120°

图 1-11　正等测图的轴间角

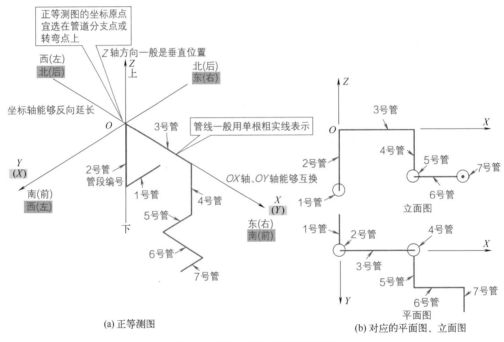

(a) 正等测图

(b) 对应的平面图、立面图

图 1-12　管线正等测图的读法图解

识读正等测图的注意点如下。

（1）物体上的直线在正等测图中仍为直线。也就是说，正等测图的直线，可能就是实际的直线管道。

（2）平行线的轴测投影仍然平行。因此，空间直线管道平行于某一坐标轴时，其轴测投影与相应的轴测轴平行。也就是说，正等测图的平行线，可能就是实际的平行管道。图中有与坐标轴平行的正等测图的线，则说明实际中的管道与坐标轴平行。

（3）管线在正等测轴测图上计算长度时，只能在与轴平行的方向上截量长度。

（4）管线一般用单根粗实线表示。

（5）如果管线断开了，则可能是被挡住了。

（6）轴测图中的设备，一般是用细实线或双点画线表示的。

（7）轴测图中往往需要注明管路内的介质性质、流动方向、坡度、管线标高等。

（8）平行于坐标面的圆在正等测图中是"椭圆"。

（9）正等测图的坐标原点宜选在管道分支点或转弯点上，并且常定 X 轴为左右走向，定 Y 轴为前后走向，Z 轴定为上下走向。

1.1.10 建筑水施目录的识读

图 1-13 建筑水施目录

识读

（1）建筑水施目录如图 1-13 所示。该项目施工图目录有建施目录、结施目录、水施目录、暖施目录、电施目录。

（2）建施，主要有设计说明、材料表、总平面图、分平面图、组合立面图、剖面图、详图等。

（3）结施，主要有结构设计总说明、基础布置平面图、详图、结构布置平面图等。

（4）水施，主要有给排水设计说明及材料表、局部给排水外线图、给排水平面图、放大图、给排水系统图等。

（5）暖施，主要有采暖设计施工说明、暖气干管平面图、地板采暖平面图等。

（6）电施，主要有电气设计说明、图例、配电系统图、配电平面图、照明平面图、弱电系统图、弱电平面图等。

（7）看目录，便于整体了解该工程提供的图纸种类、数量，也便于识图时对照。

1.1.11 建筑水施图线的识读

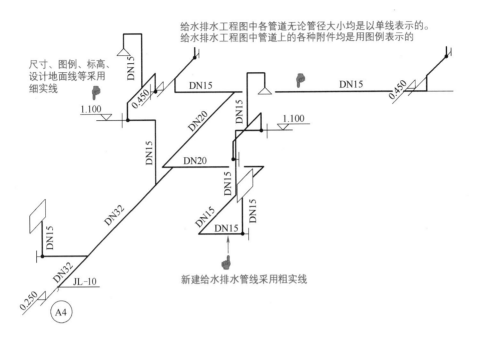

图 1-14　建筑水施图线

识读

（1）建筑水施图线如图 1-14 所示。如果图纸有图线、图例的表示与说明，则以图中的为准。如果图纸没有，则看图时遵循有关规范与要求来识图。

（2）图线的常规表达如下。

① 新建给水排水管线：采用粗实线。

② 新设计的各种排水和其他重力流管线的不可见轮廓线：采用粗虚线。

③ 给水排水设备、构件的轮廓线、新建建筑物、构筑物的轮廓线：采用中实线（可见）、中虚线（不可见）。

④ 原有给排水管：采用中粗线。

⑤ 原有建筑物、构筑物轮廓线，被剖切的建筑构造轮廓线：采用细实线（可见）、细虚线（不可见）。

⑥ 尺寸、图例、标高、设计地面线等：采用细实线。

⑦ 平面图中水面线、局部构造层次范围线、保温范围示意线等：采用波浪线。

⑧ 断开界线等：采用折断线。

⑨ 中心线、定位轴线等：采用单点长画线。

1.1.12　建筑水施比例的识读

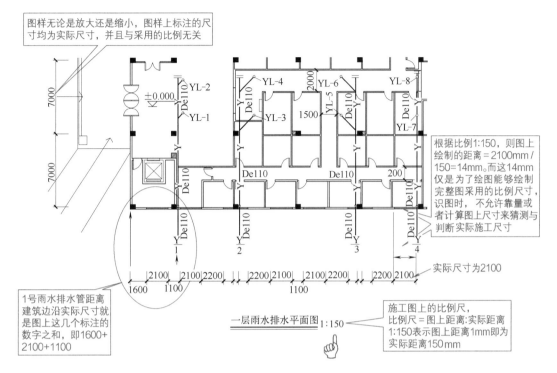

图样无论是放大还是缩小，图样上标注的尺寸均为实际尺寸，并且与采用的比例无关

根据比例1:150，则图上绘制的距离＝2100mm／150＝14mm。而这14mm仅是为了绘图能够绘制完整图采用的比例尺寸，识读时，不允许靠量或者计算图上尺寸来猜测与判断实际施工尺寸

实际尺寸为2100

1号雨水排水管距离建筑边沿实际尺寸就是图上这几个标注的数字之和，即1600＋2100＋1100

一层雨水排水平面图 1:150

施工图上的比例尺，比例尺＝图上距离:实际距离1:150表示图上距离1mm即为实际距离150mm

建筑给排水平面图常用比例为1:200、1:150、1:100

图 1-15　建筑水施的比例

 识读

（1）建筑水施的比例如图1-15所示。图纸中画的是比例尺寸，标注的是实际尺寸。识读施工图，往往要看的是实际尺寸。

（2）区域规划图、区域位置图常用比例为 1 : 50000、1 : 25000、1 : 10000、1 : 5000、1 : 2000 等。

（3）总平面图常用比例为 1 : 1000、1 : 500、1 : 300 等。

（4）管道纵断面图纵向常用比例为 1 : 200、1 : 100、1 : 50 等。管道纵断面图横向常用比例为： 1 : 1000、1 : 500、1 : 300 等。

（5）水处理厂（站）平面图常用比例为 1 : 500、1 : 200、1 : 100 等。

（6）水处理构筑物、设备间、卫生间、泵房平面图和剖面图常用比例为 1 : 100、1 : 50、1 : 40、1 : 30 等。

（7）建筑给排水轴测图常用比例为 1 : 150、1 : 100、1 : 50 等。

（8）详图常用比例为 1 : 50、1 : 30、1 : 20、1 : 10、1 : 5、1 : 2、1 : 1、2 : 1 等。

（9）图中采用同一比例的，其各部分与关联跟实际匹配。但是，建筑给排水轴测图中局部表达有困难时，如水处理流程图、水处理高程图、建筑给排水系统原理图等图，均不按比例绘制。

1.1.13 建筑水施图例的识读

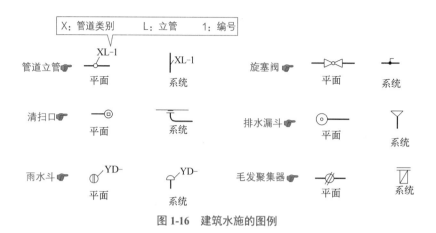

图 1-16　建筑水施的图例

 识读

（1）建筑水施的图例如图 1-16 所示。对于给排水、雨水、废水等工程施工图的图例，如果觉得陌生，则应进行一段时间的强行记忆并多看、熟悉。

（2）对于给排水、雨水、废水等工程施工图的图例理解，也不用那么"死板"，熟悉与记忆也有很多技巧。例如，很多给排水、雨水、废水等工程施工图的图例，均是具体实物形状的抽象形象，熟悉与记忆时联系实物，就能融会贯通。有的文字，往往是汉语拼音的字母，或者其英语的字母，例如热水管道中标注的"R"，则就是"热"的汉语拼音的声母。

（3）注意有的给排水工程的同一物体在平面图、系统图的图例是不同的，不过多数物体的图例是一样的。

1.1.14 建筑水施编号、文字代号的识读

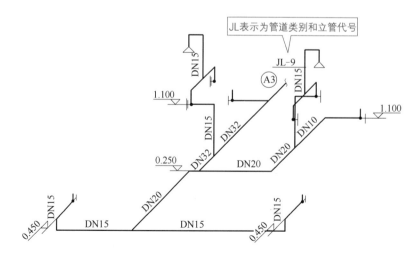

图 1-17　建筑水施的编号、文字代号

（1）建筑水施的编号、文字代号如图 1-17 所示。建筑物的给水排水进口、出口数量多于一个时，往往会用阿拉伯数字编号来区别。

（2）建筑物内穿过一层及多于一层楼层的立管，其数量多于一个时，往往会用阿拉伯数字编号来区别。往往采用 JL 作为管道类别和立管代号。"L"即"立"的汉语拼音的声母。

（3）给水排水附属构筑物（检查井、阀门井、水表井、化粪池等）多于一个时，则一般会编号。给水阀门井的编号顺序，一般是从水源到用户，从干管到支管再到用户。排水检查井的编号顺序，一般是从上游到下游，先支管后干管。

（4）常见的文字代号如下。

CC：沉淀池。

Cl：余氯传感器。

F：废水管。

FL：废水立管（排粪立管）。

H：酸传感器。

H：扬程。

HC：化粪池。

J：给水管道 J，如果分高低区常用首字母表示即高区 G、低区 D。

JC：降温池。

JL：给水立管。

KN：空调凝结水管。

L：管道立管。

M：电磁阀。

N：功率。

N：冷凝水管道，凝结水管。

Na：碱传感器。

NL：空调凝结水立管。

P：压力。

P：压力传感器。

pH：pH 值传感器。

PL：排水立管。

PY：压力排水 PY。

PZ：膨胀管。

Q：流量或者风量。

QW：潜污泵。

RH：热水回水管。

RJ：热水给水管。

RMH：热媒回水管。

RM：热媒给水管。

R：热水管道。

RHL：热回水立管。

RJL：热给水立管。

SM：水幕灭火给水管。

SP：水炮灭火给水管。

T：通气管，温度传感器。

TL：通气立管。

W：污水管道。

WL：污水立管。

XH：循环回水管。

XJ：循环给水管。

XH：消火栓给水管。

XL：消防立管。

YY：压力雨水管。

Y：雨水管。

YC：除油池。

YD：雨水斗。

YF：压力废水管。

YL：雨淋灭火给水管。

YL：雨水管。

YW：压力污水管。

ZJ：中水给水管。

Z：蒸汽管。

Z：自动喷淋管道。

ZC：中和池。

ZP：自动喷水灭火给水管。

ZP：自动喷淋管道。

1.1.15 室外给排水平面图的识读

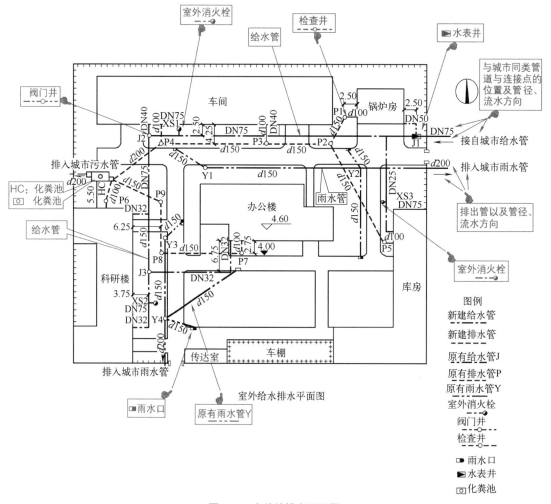

图 1-18　室外给排水平面图

　识读

（1）室外给排水平面图如图 1-18 所示。室外给水排水施工图，主要是表明房屋建筑的室外给水排水管道、工程设施及其与区域性的给水排水管网、设施的连接情况。

（2）室外给水排水施工图，一般包括室外给水排水平面图、高程图、纵断面图、详图等。对于规模不大的一般工程，则只提供平面图即可表达清楚。

（3）建筑总平面图，主要表明地形、建筑物、道路、绿化等平面布置、标高状况以及该区域内新建、原有给水排水管道及设施的平面布置、规格、数量、标高、坡度、流向等。

（4）给水和排水管道种类多、地形复杂时，给水与排水管道一般会分系统绘制，或者增加局部放大图、纵断面图等。

（5）识图时，应首先了解设计说明，熟悉有关图例。应区分给水管、排水管、其他用途的管道，应区分原有和新建管道，应区分同种管道的不同系统。

（6）识图各分系统，可以根据给水、排水的流程逐个掌握新建阀门井，水表井，检查井，消火栓，雨水口，化粪池，管道的位置、规格、数量、标高、坡度、连接情况等。掌握各房屋建筑的给水系统引入管、排水系统出水管。

（7）识图时，确定与各房屋引入管、排出管相连的给水管线和排水管线。掌握各种管道的管径、坡度、长度、标高等。

（8）识图时，掌握管径的表示方法。

管径公称直径DN：一般用于金属管材，例如铸铁管DN25。内径d：一般用于混凝土管、陶土管等，例如钢筋混凝土管d300。外径$D×\delta$：一般用于不锈钢管、无缝钢管，例如不锈钢管D108×4。

（9）管道平面布置图中，管道无论是明装还是暗装，管道线仅表示其所在范围，并不表示其平面位置。

（10）看图可知，阀门井、检查井位置，有时会标注标号。检查井的主要作用是便于对管道衔接、定期检查和疏通等。检查井在管道交会、转弯位置、尺寸或坡度改变位置、相隔一定距离的直线段上等均有设置。阀门井的主要作用是安装各种给水管道附件，方便操作和养护。

（11）看图可知，图面的右上角有指北针。如果有污染源时，则一般会绘制风玫瑰图。

（12）看图可知，雨水管线用Y、排水管线用P、给水管线用J，以不同的线型表示。

1.1.16 室外给排水纵断面图的识读

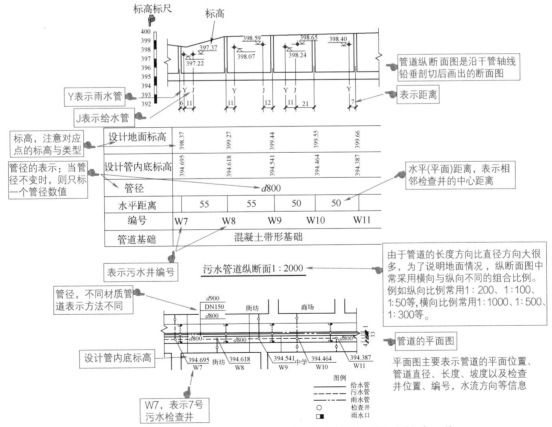

图 1-19 室外给排水纵断面图

识读

（1）室外给排水纵断面图如图 1-19 所示。纵断面图，主要表明室外给排水管道的纵向（长度方向）地面线、管道坡度、管道基础、管道与技术井等构筑物的连接、埋深以及与本管道相关的各种地下管道、地沟等的相对位置、标高。

（2）纵断面图的压力管道，一般采用单粗实线绘制，重力管道一般采用双粗实线绘制。原地面高程线与设计地面高程线一般采用单细实线表示。管道高程线一般采用粗双实线表示。检查井一般采用双细竖线表示。

（3）如果建设区域内管道种类多，布置复杂，则一般会根据管道的种类分别绘出每一条道路区域管道的纵断面图、总平面图、管道纵剖面图。管道不太复杂时，则一般会合并绘制在一张图纸中，并且只画出干管、检查井、交叉管道的位置，以便与断面图对应。

（4）识读室外给水排水管道纵断面图，主要要理解该项目的地面起伏情况、管道敷设埋深尺寸、管道交接情况、沿线支管接入处的位置、沿线支管管径与标高、地下管线构筑物或障碍物交叉点的位置与高程等。

（5）管道纵断面图中往往还列表说明干管的有关情况、设计数据、干管附近的管道、设施和建筑物等情况。为此，图表结合看，识图理解会更透彻些。

（6）看图可知，检查井符号 W7，表示 7 号污水检查井。W8、W9、W10、W11 分别表示 8、9、10、11 号污水检查井。

1.1.17 室内给水排水平面图的识读

识读

（1）室内给水排水平面图如图 1-20 所示。给水排水专业制图，除了遵守专业标准《建筑给水排水制图标准》（GB/T 50106）外，还应符合《房屋建筑制图统一标准》（GB/T 50001）等标准。

（2）室内给水排水施工图，主要包括给水排水平面图、系统图、详图等。室内给水排水平面图，主要表明建筑物内给水管道、排水管道、有关卫生器具或用水设备的平面布置情况。

（3）看图时，读懂各用水设备的平面位置、类型。读懂给水管网、排水管网的各个干管、立管、支管的平面位置、走向、立管编号、管道的安装方式（即是明装还是暗装）。读懂管道器材设备的平面位置，给水引入管、水表节点、污水排出管的平面位置、走向以及与室外给水、排水管网的连接情况。读懂管道、设备安装预留洞位置、预埋件、管沟等方面对土建的要求（这方面一般会在说明等部分中会提到）。掌握卫生器具、用水设备、升压设备的类型、数量、安装位置、定位尺寸等。弄清楚给水引入管、污水排出管的平面位置、走向、定位尺寸以及与室外给水排水管网的连接形式、管径、坡度等情况。掌握给水排水干管、立管、支管的平面位置与走向、管径尺寸、立管编号。

（4）有的底层管道平面图会提供整幢房屋的建筑平面图，其余各层仅提供布置有管道的局部平面图。底层平面图往往会画出全轴线。楼层平面图往往仅画出边界轴线。

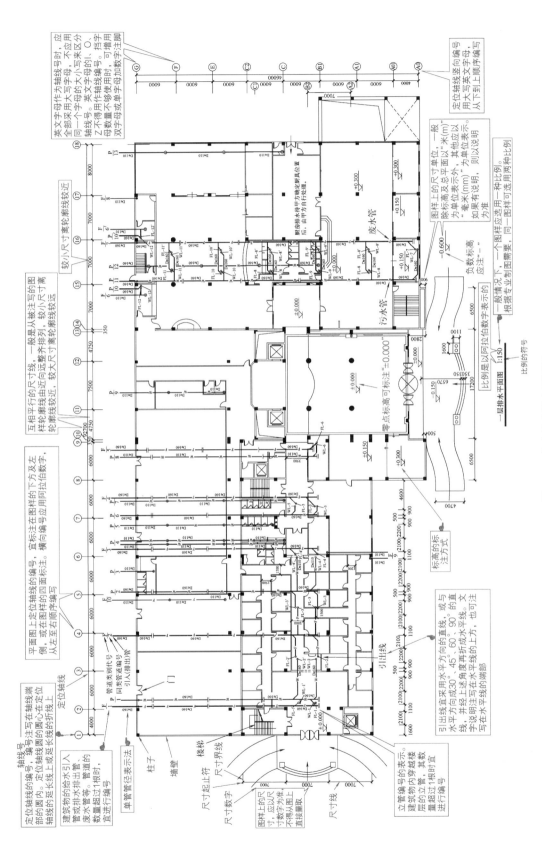

图 1-20　室内给水排水平面图

（5）室内给水排水工程中房屋平面图，主要是作为管道系统、设备的水平布局和定位的基准。所以，室内给水排水平面图中的房屋仅提供墙身、柱、门窗洞、楼梯、台阶等主要构配件，房屋细部、门扇、门窗代号等不会提供。

（6）卫生器具平面图，因为洗脸盆、大便器、小便器等是属于工业产品，一般仅根据规定图例画出。盥洗台、大便槽等在管道平面图中，有的仅画出其主要轮廓。

（7）管道平面图中，属于本层使用但是安装在下层空间的重力管道，一般也会绘在本层平面图上。一般会将给水系统、排水系统绘制在同一平面图上，这样便于施工识读。另外，一般还会提供以每一个引入管为一个系统的给水管道图，排水管道会以每一个排出管为一个排水系统。

（8）平面图、系统图中的管道连接，一般均会简略表示，具有示意性。

（9）房屋的水平方向尺寸，一般只在底层管道平面图中标注出轴线尺寸、地面标高。

（10）管道的管径、坡度、标高，一般均标注在管道系统图中，在管道平面图中不必标注。

（11）室内给水排水平面图中的管道线条，很多是示意性的表达，同时一些活接头、补心、管箍等管配件往往也不画出来。所以，识图时，往往还需要掌握一些施工工艺。

（12）给水引入管上一般都装设阀门。如果阀门设在室外阀门井内，则要查明阀门的型号、距建筑物的距离。

（13）污水排出管与室外排水总管的连接，有的是通过检查井来实现的，要了解排出管的长度。

（14）给水引入管、污水排出管，一般标注上系统编号、管道种类，并且分别写在直径为 8 ～ 10mm 的圆圈内。

（15）如果立管较多时，则常会在每个立管旁编号。

（16）识读室内排水管道时，还要查明理清设备布置情况、明露敷设弯头、三通等情况。

1.1.18　给排水系统管道、设备的识读

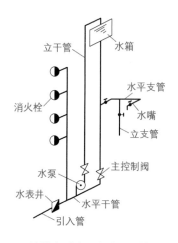

图 1-21　给排水系统图常涉及的管道与设备

（1）给排水系统图常涉及的管道与设备如图 1-21 所示。系统图一般采用管道轴测图。管道轴测图应如实反映出管道在三维空间的走向。

（2）给水系统的水流方向图解如图 1-22 所示。

图 1-22　给水系统的水流方向图解

1.1.19　室内给水排水系统图的识读

主要材料表

名称	规格型号	名称	规格型号
PP-R 冷热水管	De20	热镀锌 钢管	DN15
	De25		DN20
	De32		DN25
	De40		DN32
	De50		DN40
	De63		DN50
	De75		DN65
	De90		
	De110		

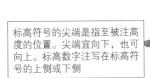

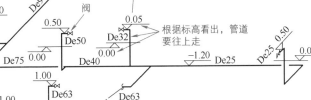

生活给水系统图

图 1-23　建筑室内给水排水系统图

（1）建筑室内给水排水系统图如图1-23所示。建筑室内给水排水系统图，是根据各层给水排水平面图中管道、用水设备的平面位置和竖向标高用正面斜等轴测投影绘制而成的。室内给水排水系统图，表明室内给水管网、排水管网上下层间、左右前后间的空间关系。

（2）室内给水排水系统图，一般会标注各管径尺寸、立管编号、管道标高、坡度，标明各种器材在管道上的位置。

（3）给水、排水管道系统轴测图，一般是根据系统画成的正面斜等轴测图，其主要表明管道系统的立体走向。给水系统轴测图上，卫生器具可不画出来，只画出龙头、淋浴器莲蓬头、冲洗水箱等符号。

（4）排水系统轴测图上，有的图只画出相应的卫生器具的存水弯或器具排水管。

（5）各管道系统图符号的编号，一般是与底层管道平面图中的系统编号一致的。

（6）室内给水排水系统图中的管道连接的画法具有示意性，不需层层重复画出，而是只需在管道省略折断处标注"同某层"等情况。管道过于集中，无法画清楚时，则可将某些管段断开，移到别处画出，并且在断开位置给予明确的标记。

（7）房屋构件位置关系的表示：管道穿过的墙、地面、屋面的位置，构件剖面的方向一般是根据所穿越管道的轴测方向绘制的。

（8）室内给水排水系统图尺寸的标注包括管径、坡度、标高等。

（9）相对于平面图，系统图的口诀是"左右平画平，上下竖画竖，前后东北斜，斜度四十五"。

（10）识图时，应首先熟悉图纸目录，了解设计说明，在此基础上将平面图与系统图联系对照识读。图1-23的室内给水排水系统图对应的平面图如图1-24所示。

（11）识图时，给水系统和排水系统应分别识读，同类系统中按编号依次识读。

（12）给水系统根据管网系统编号，从给水引入管开始沿水流方向经干管、立管、支管直到用水设备，循序渐进。

（13）排水系统根据管网系统编号，从用水设备开始沿水流方向经支管、立管、排出管到室外检查井，循序渐进。

（14）识图时，还可能需要看安装详图。

（15）识图时，掌握给水管道系统的具体走向、干管的敷设形式，管径尺寸及其变化情况，阀门的设置，引入管、干管的标高。

（16）识图时，查明排水管道系统的具体走向，管路分支情况，管径尺寸与横管坡度，管道各部分标高，存水弯形式，清通设备设置情况，弯头、三通等的情况。

（17）轴测图上对各楼层标高都会标注。识读时，可以据此分清管路是属于哪一层的。

（18）有的给水管支架用管卡、钩钉、吊环、角钢托架等固定，具体根据实际图来掌握。

（19）识读给排水专业系统图时，平行、垂直、45°线条繁多，空间关系上前后叠影、不相连的管道也多，加上管径、标高、楼层线等辅助线条多，容易找错线条、弄错管道等。为此，可以用删除或者遮蔽一些管道的方法，清楚地凸显所要看的部分，这样识图就准确多了。

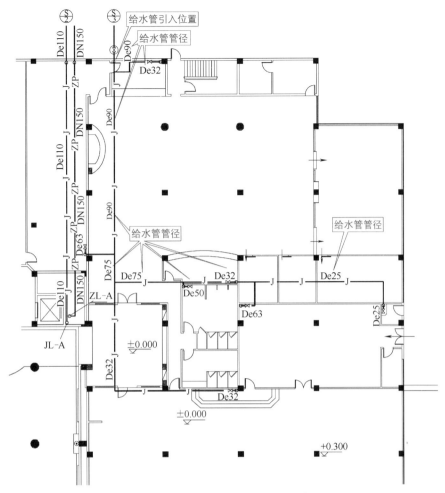

图 1-24　图 1-23 的室内给水排水系统图对应的平面图

1.1.20　给水排水工程详图的识读

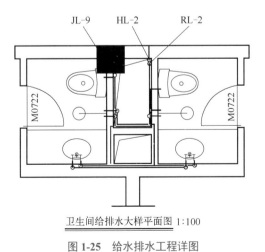

卫生间给排水大样平面图 1:100

图 1-25　给水排水工程详图

（1）给水排水工程详图如图1-25所示。给水排水工程详图，主要有管道节点详图、消火栓详图、水表详图、开水炉详图、水加热器详图、卫生器具详图、过墙套管详图、排水设备详图、管道支架详图等。

（2）给水排水工程详图，要求具体明确，视图完整，尺寸齐全，材料规格等清楚注写，或者还会附有必要的说明。识图时，看注写、读说明、想形状、知表达。

（3）局部放大图常包括节点详图、设施详图。局部放大图可以不按比例绘制，但是节点平面位置一般需要与室外管道平面图相对应。

（4）由图1-25可知，该大样图是卫生间给排水大样平面图，也就是卫生间给排水平面布置详图，图中可以看出洗脸盆、坐便器在卫生间布设的位置。

1.1.21 雨水系统的识读

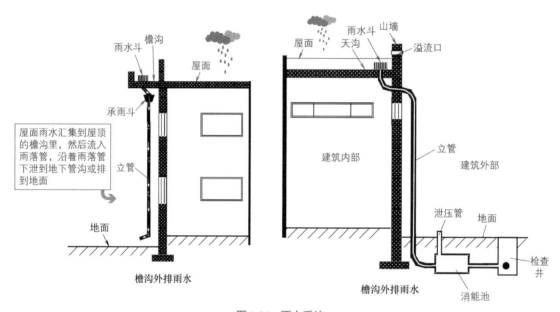

图1-26 雨水系统

（1）雨水系统如图1-26所示。建筑雨水排水系统，是建筑物给排水系统的重要组成部分，其任务就是及时排除降落在建筑物屋面上的雨水、雪水，避免屋顶积水对屋顶造成威胁，或者造成雨水溢流、屋顶漏水等水患事故。

（2）屋面雨水系统根据管道设置位置的不同，可以分为外排水系统、内排水系统等；根据雨水在管道内的流态不同，可以分为重力无压流、重力半有压流、压力流等；根据屋面的排水条件分檐沟、天沟、无沟排水等；根据出户埋地横干管是否有自由水面分为敞开式排水系统、密闭式排水系统等；根据一根立管连接的雨水斗数量分为单斗排水系统、多斗排水系统等。

（3）天沟就是指屋面上在构造上形成的排水沟。

（4）内排水就是指屋面设雨水斗，雨水管道设置在建筑内部的雨水排水系统。

（5）单斗雨水排水系统是指悬吊管上只连接单个雨水斗的系统。

（6）多斗雨水排水系统是指一根悬吊管上连接多个雨水斗（一般不得多于4个）的系统。

（7）雨水斗，就是整个雨水管道系统的进水口。其主要作用是最大限度地排泄雨、雪水；对进水具有整流、导流作用，使水流平稳，以减少系统的掺气，具有拦截粗大杂质等作用。目前常用的雨水斗为65型、79型、87型雨水斗、平箅雨水斗、虹吸式雨水斗等种类。

（8）连接管，就是指连接雨水斗与悬吊管的短管。连接管管径一般与雨水斗相同，可直接选用。

（9）立管的作用是接纳雨水斗或悬吊管的雨水，与排出管连接。立管连接一根悬吊管时，立管管径与悬吊管管径相同。如果一根立管连接两根悬吊管时，则应计算立管的汇水面积，再根据设计最大降雨量、立管最大允许汇水面积等因素来确定立管的管径。

（10）排出管用于将立管的水输送到地下管道中，雨水排出管设计时，一般会留有一定的余地。排出管管径一般与立管相同。为了改善排水系统的泄水能力，也可以比立管大一级。

（11）密闭系统一般采用悬吊管架空排到室外的，不设埋地横管。敞开系统在室内往往设有检查井。检查井间的管道通常为埋地敷设。为了排水通畅，埋地管坡度一般应不小于0.003。敞开式排水系统根据非满流设计，最大允许充满度在管径小于或等于300mm时为0.50；管径350～450mm时为0.65；管径大于500mm时为0.80。密闭式内排水系统根据满流计算。

（12）检查井。雨水常把屋顶的一些杂物冲进管道，为便于清通，雨水埋地管间一般会设置检查井。为了防止检查井冒水，检查井深度不得小于0.7m。检查井内接管一般是采用管顶平接，而且平面上水流转角不得小于135°。

（13）高层建筑屋面雨水排水，宜按重力流设计。高层建筑裙房屋面的雨水，应单独排放。阳台排水系统应单独设置。阳台雨水立管底部应间接排水。

（14）压力流排水系统中，同一系统的雨水斗应在同一水平面上，长天沟外排水系统宜按单斗压力流设计；密闭式内排水系统，宜按压力流排水系统设计；单斗压力流排水系统应采用65型和79型雨水斗；多斗压力流排水系统应采用多斗压力流排水型雨水斗，其排水负荷和状态需要符合要求。

（15）多斗压力流排水系统设计计算的基本要求与单斗压力流排水系统相同，但是多斗压力流排水系统中各节点的上游不同支路的计算水头损失之差，在管径≤DN75时，不应>10kPa；在管径≥DN100时，不应>5kPa。

（16）建筑屋面雨水排水工程，往往设置溢流口、溢流堰、溢流管等溢流设施，并且溢流排水不得危害建筑设施和行人安全。

（17）溢流口排水是指在天沟末端山墙上开一孔口进行排水。

（18）看图1-26可知，雨水排水工程，主要节点就是雨水斗→立管。

1.1.22 废水系统图的识读

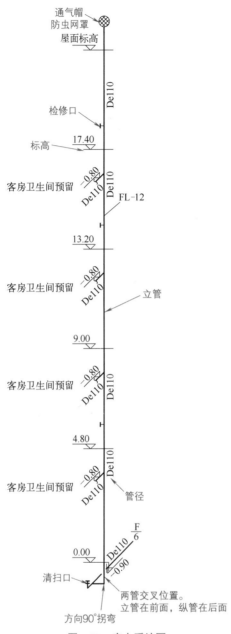

图 1-27 废水系统图

![识读]

（1）废水系统图如图 1-27 所示。看图可知，F/6 是废水管的编号。说明，前面还有 F/1～F/5 废水管。F/6 废水系统中的废水干管、支管均采用 De110 管，110 为其管径。

（2）看图 1-27 可知，废水管顶端安装通气帽。有的图还设计有防虫网罩，以防止昆虫等小动物进入。

（3）看图1-27可知，该废水管主要是为客房卫生间提供废水排出管道。

（4）看图1-27可知，该废水管还设置了清扫口。清扫口主要是当管道堵塞时，起到疏通管道的作用。

1.2 某工程水施套图的识读

1.2.1 某给水排水工程目录的识读

图 纸 目 录

图别	图号	图纸名称	规格	备注
水施	1	图纸目录 参考图集 图例 主要设备材料表	A2加长	
水施	2	给排水设计说明	A2加长	
水施	3	地下室层放大平面图(一)(二)	A2加长	
水施	4	一层给排水平面图	A2加长	
水施	5	二层给排水平面图	A2加长	
水施	6	四层给排水平面图	A2加长	
水施	7	三、五～十七层给排水平面图	A2加长	
水施	8	十八层给排水平面图	A2加长	
水施	9	5#跃层给排水平面图	A2加长	
水施	10	屋顶给排水平面图	A2加长	
水施	11	一层单元放大平面图	A2加长	
水施	12	标准层单元放大平面图	A2加长	
水施	13	给排水支管系统图	A2加长	
水施	14	给水系统原理图　　消火栓系统原理图	A2加长	
水施	15	排水系统原理图	A2加长	

图1-28 某给水排水工程目录

 识读

（1）某给水排水工程目录如图1-28所示。看目录可知，该套图包括图纸目录、参考图集、图例、主要设备材料表、给排水平面图、单元放大平面图、给排水支管系统图、给水系统原理图、消火栓系统原理图、排水系统原理图。

（2）看目录可知，本工程全套图纸有地下室～第18层给排水平面图、屋顶给排水平面图。

（3）看目录可知，该套图主要涉及生活给水系统、排水系统、雨水系统、消防给水系统、灭火器配置等内容。

1.2.2 某设计说明的识读

给排水设计和施工说明

一、工程概况

（略）

二、设计内容

（略）

三、设计依据

1.《建筑给水排水设计规范》（GB 50026）。

2.《高层民用建筑设计防火规范》（GB 50045）。

3.《住宅设计规范》（GB 50096）。

4.《住宅建筑规范》（GB 50368）。

5.《建筑灭火器配置设计规范》（GB 50260）。

6.《建筑给水聚丙烯管道工程技术规范》（GB/T 50349）。

7.《建筑给水排水及采暖工程施工质量验收规范》（GB 50242）。

8.建设单位提供的本工程有关资料和设计任务书。

9.建筑和有关工种提供的作业图和有关资料。

四、设计说明

1.生活给水系统

（略）

2.生活排水系统

（略）

3.雨水系统

（略）

4.消防给水系统

（略）

5.建筑灭火器配置

（略）

五、施工说明

1.管材

（略）

（1）室内消火栓给水管道采用热镀锌钢管……

（2）排水立管采用 PVC-U 空壁螺旋管，胶圈连接……

（3）压力排水管，溢、泄水管采用内外壁热镀锌钢管，螺纹连接……

2.管道敷设

（略）

3. 管道坡度

（略）

4. 管道连接

（略）

5. 图中未标注高度的阀门，其安装高度应便于操作维修，阀门安装时应将手柄留在易于操作处。消防管道上的阀门应开启，并有明显的开启标志，或开启后铅封。

六、防腐及油漆

（略）

七、管道冲洗、试压、保温及验收

（略）

八、其他

1. 图中所注尺寸除管长、标高以 m 计外，其余以 mm 计。

2. 本图所注管道标高：给水、热水、消防管等压力管指管中心；污水、废水等重力流管道和无水流的通气管指管内底。管道定位尺寸均以管中心计。

3. 图中 F 为本层建筑地面标高。

4. 除本设计说明外，施工中还应遵守《建筑给水排水及采暖工程施工及质量验收规范》《给水排水构筑物施工及验收规范》等现行标准。

……

📁 **识读**

（1）某设计说明的识读（注：鉴于篇幅，说明中一些具体说明省略）如前所示。给排水施工图，分为室内给排水、小区给排水两部分。室内给水排水系统，包括施工说明、设备及材料明细表、管线设备平面图、轴测图（系统图）、详图等。小区给水排水系统包括施工说明、管线平面图、纵断面图、详图等。

（2）给排水施工图，往往与建筑施工图密切相关，为此，建筑施工图的一些表达需要理解。另外，各设备系统的安装与土建施工是配套的，为此，需要注意其对土建的要求及各工种间的相互关系等要求。

（3）给排水施工图的识图方法：先查看设计说明，设计说明往往描述了工程概况、设计依据、设计内容。再看系统图，系统图表达的是给排水管道在整个建筑物中的宏观的空间位置。

（4）有关管道的连接配件，均属规格统一的定型工业产品，在图中会存在均不予画出的情况。

（5）识读说明文字可知，该说明主要是对该工程的八项内容进行了说明，具体为工程概况、设计内容、设计依据、设计说明、施工说明、防腐及油漆、管道冲洗试压保温及验收、其他。各项目的具体阐述，看文字即可。

（6）设计依据一般是执行当时实行的标准，但是也有例外，应在设计依据中明确执行的标准及其版本。

1.2.3 某工程图例符号的识读

图例

名称	符号	名称	符号
清扫口	◎ 平面　┬ 系统	给(冷)水管	——J——○——JL——
三角阀	⊢	低区生活给水管	——JD——○——JL-D——(JD)
地漏	⊘ 平面　Y 系统	高区生活给水管	——JG——○——JL-G——(JG)
洗衣机地漏	◎ 平面　Y 系统	消火栓给水管	——XH——○——XHL——(XH)
检查口	⊢	污水管	——○——WL——(W)
透气帽	↑	通气管	——T——○——TL——
水表	——⊘——	废水排水管	——YF——○——FL——(F)
减压阀	——▷——	压力废水排水管	——YF——○——YF——(YF)
自动排气阀	🜨	S形存水弯	⊓
截止阀	——⊢——	淋浴器	
蝶阀	——⊠——	洗脸盆、洗涤槽水龙头	
闸阀	——▷◁——	洗衣机水龙头	
止回阀	——▷——	管堵	⊣
Y形过滤器	——⊿——	可曲挠橡胶接头	——○——
薄型双栓室内消火栓	⧯ 平面　⬥ 系统	压力表	⊘
手提式灭火器	▲	单栓消火栓	◣ 平面　◗系统
管道倒流防止器	——▶▷——		

图 1-29　某工程图例符号

识读

（1）某工程图例符号如图 1-29 所示。给排水施工图，一般多采用统一的图例符号表示，这些图例符号一般并不反映实物的原形。因此，在识图前，要先了解这些符号与其所表示的实物。

（2）给排水工程图中的管道、器材、设备，一般采用统一图例表示。其中卫生器具的图例是较实物大为简化的一种象形符号，并且一般是根据比例画出的。

（3）给水排水管道，一般是采用单线画法以粗线绘制。

（4）给水排水工程纵断面图的重力管道、剖面图、详图的管道，往往宜用双粗线绘制。建筑、结构的图形、有关器材设备，往往均采用中、细线绘制。

（5）不同直径的管道，一般是以同样线宽的线条表示。管道坡度无需根据比例画出（画成水平）。管道管径与坡度，均可以用数字注明。

（6）看图时，可以结合图例进行识图，如图 1-30 所示。

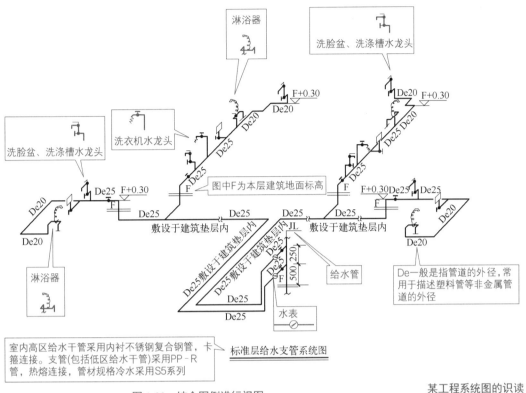

图 1-30　结合图例进行识图

1.2.4　某工程系统图的识读

某工程系统图的识读

扫码观看视频

一层给水支管系统图

图 1-31

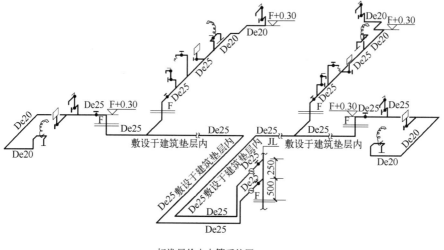

标准层给水支管系统图

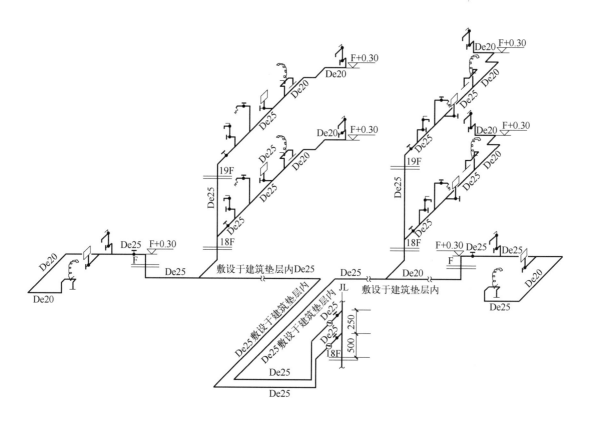

18层及跃层给水支管系统图

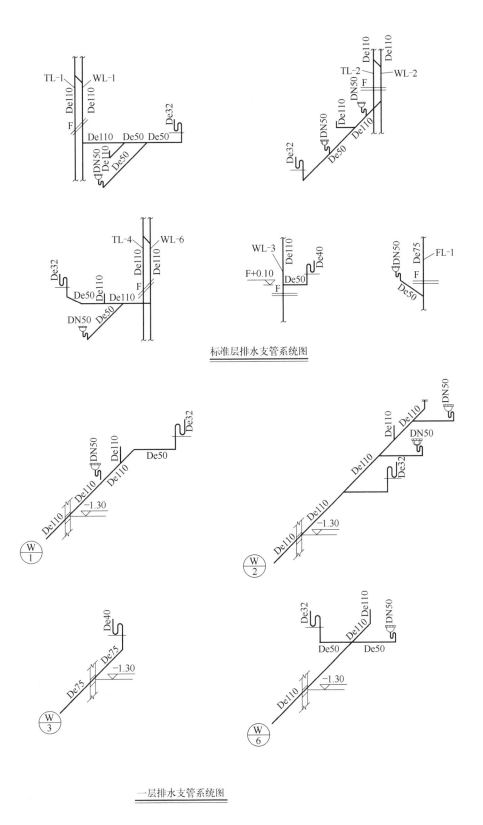

标准层排水支管系统图

一层排水支管系统图

图 1-31　某工程系统图

（1）某工程系统图如图 1-31 所示。图中，WL-1、WL-2、WL-3 等分别表示污水立管 1 号、2 号、3 号等。图中，$\textcircled{\frac{W}{1}}$、$\textcircled{\frac{W}{2}}$ 等分别表示污水 W/1 系统、污水 W/2 系统等。

（2）给排水系统，多是用管道来输送流体，并且在管道中都有流向。识图时，可以根据流向去读，这样易于理解图纸的表达。

（3）看图 1-31 可知，该工程给排水各系统管道，立体交叉安装比较多。如果只看管道平面图难以完全看懂理解。如果结合系统图（或轴测图），则可以理解表达各管道系统和设备的空间关系，有利于识图。

（4）标高的单位常为 m，并且一般注到小数点后第三位，总图中可注写到小数点后二位。本工程系统图中的标高的单位也为 m。

（5）标注的位置。管道一般要标注起讫点、转角点、连接点、变坡点、交叉点的标高。压力管道宜标注管中心标高。室内外重力管道宜标注管内底标高。必要时，室内架空重力管道可标注管中心标高，但是图中需要加以说明。

（6）标高种类。室内管道一般需要标注相对标高，室外管道宜标注绝对标高，无资料时可标注相对标高，但是应与总图专业一致。看图可知，该工程图主要是建筑内部各层给排水系统图，则室内管道一般也是相对标高。

（7）管径的单位一般为 mm。管径的常规表示方法：水及燃气输送球墨铸铁管管径宜以公称直径 DN 表示；无缝钢管、焊接钢管（直缝或螺旋缝）、铜管、不锈钢管等管材，管径以"外径×壁厚"表示，并在前面加"D"。塑料管材，管径宜根据产品标准的方法来表示，也常用 De 表示。混凝土管、陶土管等，管径一般是以内径 D_0 来表示的。看图可知，该工程排水系统采用 De110、De75 等塑料管材 (PVC)。该工程排水系统图采用 De25、De20 等塑料管材 (PP-R)。

（8）看图 1-31 可知，该工程系统图，包括一层的、标准层的、顶层的。说明不同楼层的给排水布设有差异。

（9）看图 1-31 可知，一层排水支路系统图，涉及 $\textcircled{\frac{W}{1}}$ ～ $\textcircled{\frac{W}{6}}$。$\textcircled{\frac{W}{1}}$ ～ $\textcircled{\frac{W}{6}}$ 管道具体连接特点有明显差异，例如 W/3 引入管是 De75，W/1、W/2、W/6 引入管是均是 De110。

（10）看图 1-31 可知，标准层排水支路系统图，涉及排水立管 TL、污水 WL 立管、废水 FL 立管，并且排水立管 TL、污水 WL 立管又分为不同的编号，例如 TL-1、TL-2、TL-4、WL-1、WL-2、WL-6、WL-3 等。

（11）看图 1-31 可知，18 层及跃层给水支路系统图，从给水立管 JL 通过 De25 管分支引入层内给水，并且是 2 分支给水水路。分支给水首先经过阀门、水表，然后敷设在建筑垫层内部，再到各用水设备上。

（12）看图 1-31 可知，一层给水支路系统图与 18 层、跃层给水支路系统图中的分支给水引入段是一样的，主要差异在于用水设备及布局不同，如图 1-32 所示。

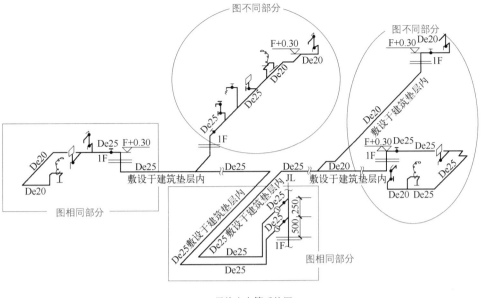

一层给水支管系统图

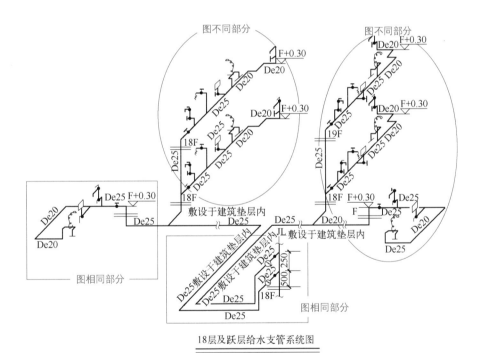

18层及跃层给水支管系统图

图 1-32　图 1-31 中一层和 18 层及跃层给水系统图的比较

1.2.5 某工程平面图的识读

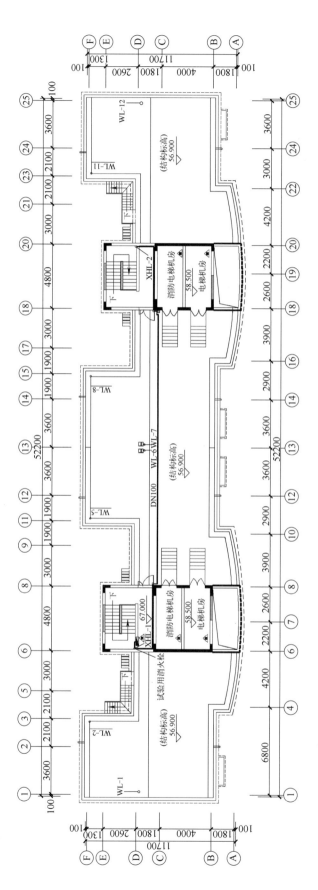

屋顶给排水平面图 1:100

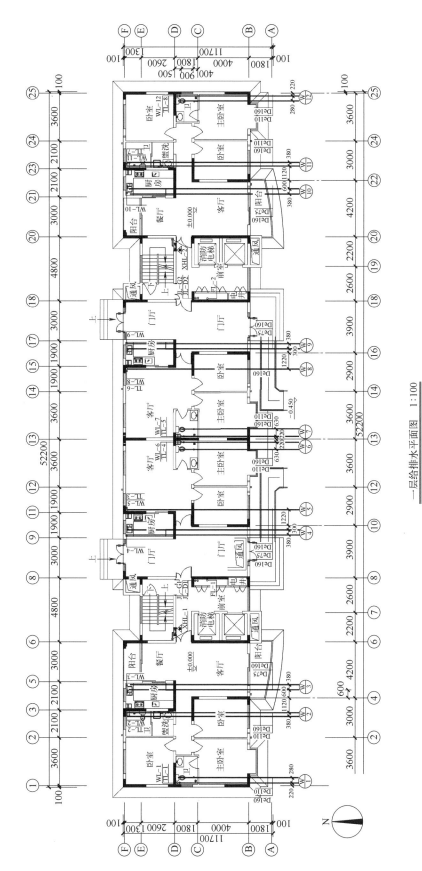

一层给排水平面图　1:100

图 1-33

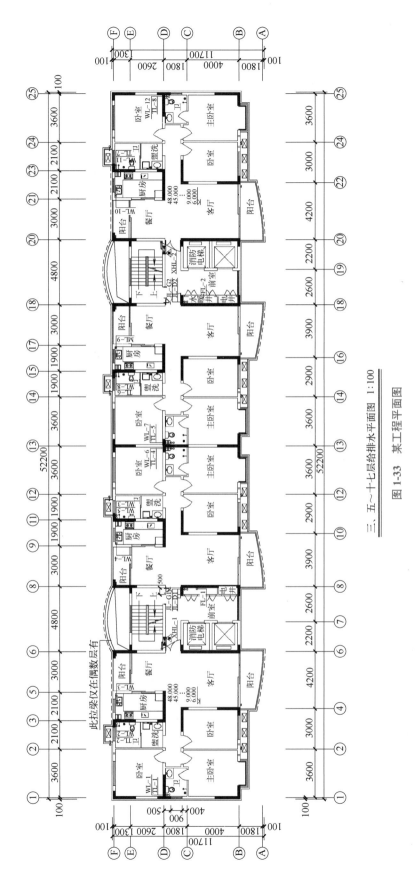

三、五~十七层给排水平面图 1:100

图 1-33　某工程平面图

（1）某工程平面图如图 1-33 所示。给排水工程图中的平面图、剖面图、高程图、详图、水处理构筑物工艺图等一般都是用正投影绘制的。因此，识图时，可以从投影原则理解图中的表达。

（2）给排水工程纵断面图一般是用正投影法按不同比例绘制的。给排水工程工艺流程图一般是用示意法绘制的。

（3）靠墙敷设的管道不必根据比例来准确表示。管线与墙面的微小距离，图中只需略有距离即可表达。另外，即使暗装管道也可以像明装管道一样画在墙外，只是会说明哪些部分要求暗装。为此，识图不能仅仅看图，还需要看文字。

（4）当在同一平面位置布置有几根不同高度的管道时，如果严格根据投影来画，则其平面图会重叠在一起。为此，这种情况下给的图往往是呈平行排列的。

（5）为了删掉不需表明的管道部分，图中常在管线端部采用细线的 S 形折断符号表示。

（6）看图 1-33 可知，该工程的地下室层设置了集水坑，具体要了解集水坑的情况，则需要看相关图，例如潜水泵压力废水管道系统原理图（一），如图 1-34 所示。从图中编号"（一）"可知，集水坑与潜水泵压力废水管道系统原理图不只有一处。

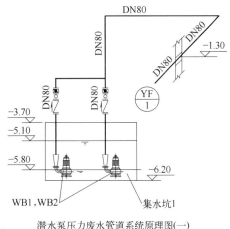

潜水泵压力废水管道系统原理图(一)

图 1-34　潜水泵压力废水管道系统原理图

（7）工程的水电施工也是在建筑结构上的专业专项施工。为此，具体识图时，应结合结构图、放大图等综合进行。例如，本工程一层单元放大平面图如图 1-35 所示。

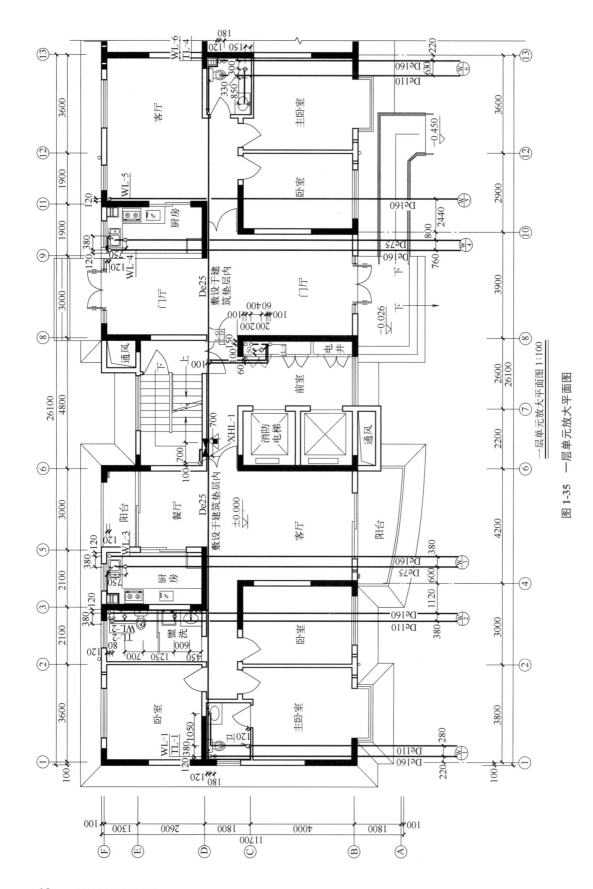

图 1-35 一层单元放大平面图

1.2.6 某工程详图与大样图的识读

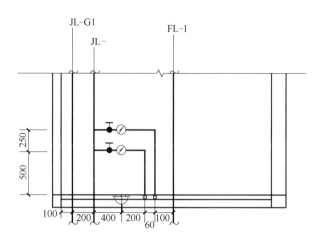

图 1-36 某工程详图与大样图

（1）某工程详图与大样图如图 1-36 所示。大样图、详图，一般是放大图，比一般图比例大，以便表达内容更细致。

（2）看图 1-36 可知，该图为管井示意大样图。管井，也就是管道井，其是建筑物中用于布置竖向设备管线的竖向井道。给排水图中，JL 一般是给水立管的符号。FL 一般是废水立管的符号。该图中 JL-G1、JL-G2 就是给水立管，如图 1-37 所示。

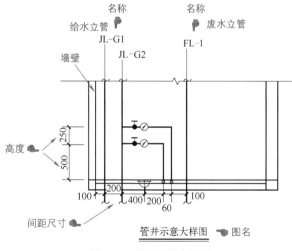

图 1-37 管井示意大样图

（3）看图 1-37 可知，G1 给水立管距离墙 100mm，G2 给水立管距离 G1 给水立管 200mm，1 号废水立管距离 G2 给水立管为 400mm+200mm+60mm+100mm=760mm。G2 给水立管距离管井底 500mm 分支水路安装阀门＋水表，然后距离 G2 给水立管 600mm 向下引到楼下。G2 给水立管距离管井底 500mm+250mm=750mm 再分支水路安装阀门＋水表，然后距离 G2 给水立管 660mm 向下引到楼下。

1.2.7　某工程排水系统原理图的识读

某工程排水系统
原理图的识读

扫码观看视频

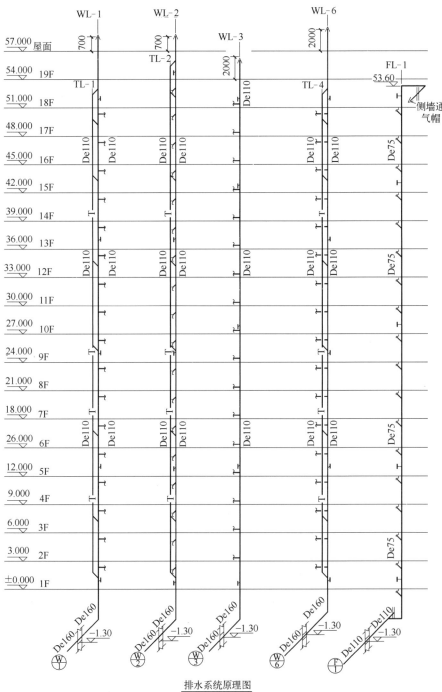

排水系统原理图

图 1-38　某工程排水系统原理图

（1）某工程排水系统原理图如图1-38所示。图中，WL-1、WL-2、WL-3等分别表示污水立管1号、2号、3号等。图中，$\frac{W}{1}$、$\frac{W}{2}$等分别表示污水W/1系统、污水W/2系统等。

（2）通过识图得知，通气立管与排水立管是分开设置的，不共用。这也是规范要求的。

（3）通过识读排水系统原理图得知，污水系统$\frac{W}{1}$系统中的WL-1污水立管1号立管从下到上，由1层楼层直到19层再到屋面，然后高出屋面700mm。污水系统$\frac{W}{1}$系统中的TL-1通气1号立管从1层到18层，在3层、6层、9层、12层、15层、17层采用了与WL-1污水立管1号连接通道 **N**，注意是倾斜向上，即向通气立管向上倾斜，这样便于通气管通气，污水不会漏入通气管中。

（4）污水系统$\frac{W}{1}$系统中的WL-1表示污水1号立管。

（5）通过识图得知，污水系统W/1系统、污水W/2系统、W/3系统、污水W/6系统中的污水立管、通气立管均标为De110，也就是均采用外直径为110mm的PVC管道。

（6）通过识图得知，W/1系统、污水W/2系统、W/6系统中污水立管在1层、5层、9层、13层、18层设有立管检查口。W/3系统在1层、5层、10层、15层、18层设有立管检查口。检查口一般装于立管，供立管与横支管连接处有异物堵塞时清掏用。

（7）通过识图F废水管得知，废水F/1系统采用了外直径为75mm的管道，从1层到18层，在地下室与110mm的管道连接。

（8）通过识图得知，污水立管顶端安装了通气帽。排水立管顶端安装通气帽，可以起到防止污水回流的作用，从而保障了排水系统的正常运行。

1.2.8 某工程给水系统原理图的识读

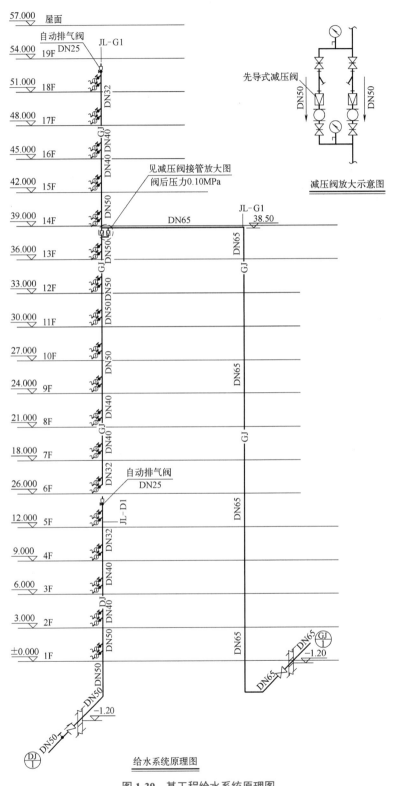

给水系统原理图

图 1-39 某工程给水系统原理图

（1）某工程给水系统原理图如图1-39所示。原理图，往往体现的是给水系统的逻辑、功能关系、连接关系等。

（2）给水管道用J表示，如果分高低区，则常用首字母表示，即高区用JG，低区用JD，也有表示为GJ、DJ，J-G、J-D等的情况。

（3）看图1-39可知，DJ表示为低区供水立管、GJ表示为高区供水立管。

（4）看图1-39可知，DJ/1经DN50管到截止阀、止回阀。止回阀属于一种截断阀，其主要起到预防水管中的介质倒流等作用。止回阀后继续连接DN50管，之后进入第1层立管直到第5层。其中，该立管第2层变径，即DN50变DN40。第4层变径，即DN40变DN32。第5层上部安装自动排气阀。各层设分支给水路，即从立管引入，然后接截止阀、水表等。根据标高可知，DJ/1是从地下引入。低区供水立管给水系统原理图如图1-40所示。

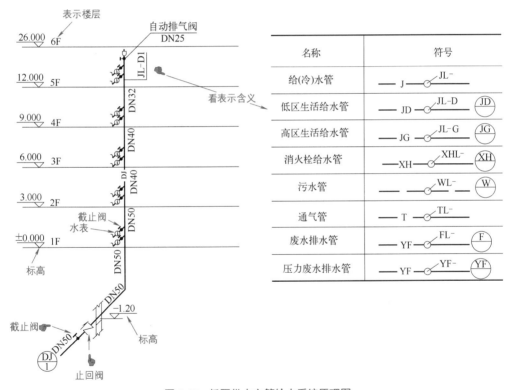

图1-40　低区供水立管给水系统原理图

（5）看图1-39可知，GJ/1经引入DN65管、闸阀后进入第1层转为DN65立干管，到第13层转向为DN65横干管。此处的DN65横干管实际多长或者还是表意，则需要看其他图纸来确定。DN65横干管之后在同层的第13层分上下立支管，其中下立支管，需要经减压阀，再往下继续走管，并且在第8层、第6层变径。下面各层分支给水路均从下立支管引水。上立支管，直接往14～18层布管，并且15层、17层上变径，上部安装自动排气阀。高区供水立管给水系统原理图如图1-41所示。

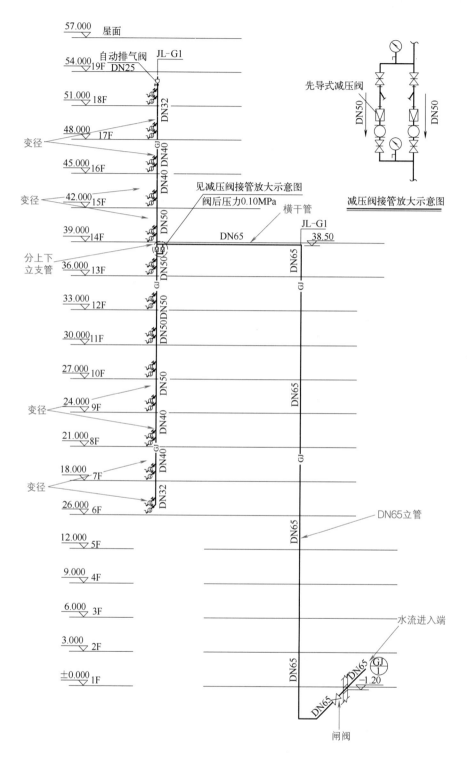

图 1-41　高区供水立管给水系统原理图

1.3 某工程雨水套图的识读

1.3.1 某工程雨水系统图（一）的识读

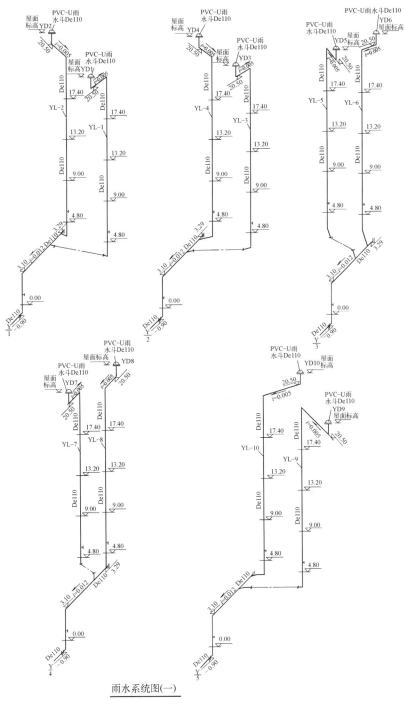

雨水系统图(一)

图 1-42　某工程雨水系统图（一）

（1）某工程雨水系统图（一）如图 1-42 所示。屋面雨水汇集到屋顶的檐沟里，然后流入雨落管，沿着雨落管排到地下管沟或排到地面。

（2）排水管道用 W 表示污水，也有的用 F 表示废水。雨水管道用 Y 表示。Y 是雨水的第一个字母。压力排水一般用 PY 表示。冷凝水管道一般用 N 表示。管道立管一般用 L 表示。

（3）看图 1-42 可知，$\dfrac{Y}{1} \sim \dfrac{Y}{5}$ 表示编号为 1～5 的雨水管系统，并且组成雨水系统（一）。也就是说，还有其他不同的雨水系统。也有的图纸，用 Y/n 表示水井编号。

（4）1 号雨水管系统如图 1-43 所示。从雨水管上部往下看，也就是根据水流方向看，

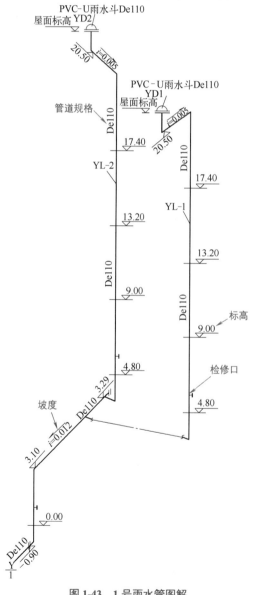

图 1-43　1 号雨水管图解

YL-2雨水立水管在屋面上安装PVC-U雨水斗De110，然后De110 YL-2雨水立水管向下垂直安装到高度20.50m位置倾斜i=0.005安装，再向下垂直安装到高度9.00～4.80m间安装一个检修口，然后到高度3.29m处转为横管后再接三通。三通一端接堵盖，另外一端接YL-2雨水立水管，还有一端倾斜i=0.012安装雨水干管，并且在3.29～3.10m间安装雨水干管。雨水干管在3.10m位置再向下垂直安装，并且在3.10m～0.00位置安装一个检修口，然后在-0.9m位置引出雨水干管。

（5）其他YL-3～YL-5雨水管系统图可以参考YL-1、YL-2的识图方法，不再赘述。

1.3.2 某工程雨水系统图（二）的识读

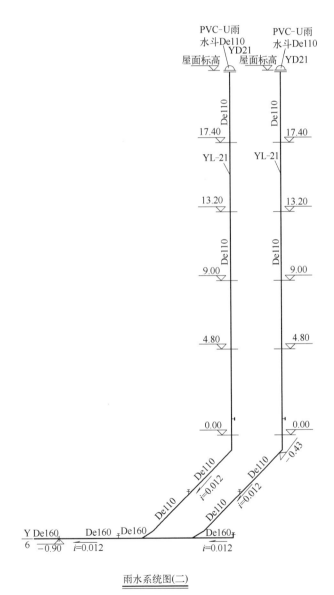

雨水系统图(二)

图 1-44 某工程雨水系统图（二）

（1）某工程雨水系统图（二）如图1-44所示。看图可知，该雨水系统与雨水系统（一）有差异。

（2）看图1-44可知，两分支雨水管均标注YL-21，其两分支雨水管连接特点也是一样的。

（3）看图1-44可知，$\dfrac{Y}{6}$连接的雨水干管采用De160，高度为-0.90m，即地下管，并且坡度i=0.012。

（4）看图1-44中符号干可知，该系统还设置了4处清扫口。

（5）雨水需要排水顺畅，为此，该系统图中显示管道在地下安装时，具有0.012的坡度。

第 **2** 章

采暖工程识图

2.1 识图基础与单元图识读

2.1.1 采暖工程的特点

采暖工程的任务，就是将热源（锅炉房）所产生的热量通过室外供热管网输送到建筑物内的室内采暖系统。

采暖工程根据载热体的不同，一般分为两大类：热水采暖系统——以水为"热媒"的采暖系统；蒸汽采暖系统——以水蒸气为"热媒"的采暖系统。

热水采暖系统常用于一般民用建筑，其分类与特点如图 2-1 所示。

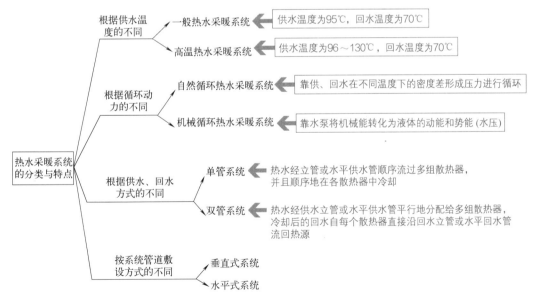

图 2-1 热水采暖系统的分类与特点

蒸汽采暖系统，适用于需要集中而短暂采暖的公共建筑。蒸汽采暖系统的分类与特点如图 2-2 所示。

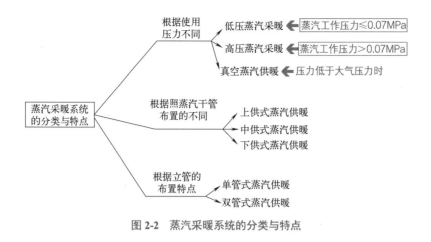

图 2-2　蒸汽采暖系统的分类与特点

2.1.2　采暖工程管道的布置形式

采暖工程中，管道的布置形式较多，常用的有双管上行下给式、单管上行下给式、下行上给式、水平串联式等。单管上行下给系统，就是连接散热器的立管只有一根，供热干管与回水干管同双管的敷设方式一样。单管上行下给系统能够保证进入各层散热器的热媒流量相同，不会出现垂直失调现象。

散热器的功能是将热介质所携带的热能散发到建筑物的室内空间。散热器的安装包括散热器的现场组对、活接头的连接、配置阀门连接、放风门连接等。散热器一般设置于建筑物室内窗台下。

一般在供热管路的室内干管末端设置集气罐、排气阀，用以收集、排除系统中的空气。集气罐一般采用 DN100 ～ 250 的钢管焊接而成，有立式、卧式等种类。自动排气阀常用的规格有 DN15、DN20、DN25 等，并且其往往与末端管道的直径相同。上供式系统中需在其顶部的干管末端设置集气罐，用以聚集和排除系统中的空气。

2.1.3　采暖供暖管道敷设的阀门类型

采暖供暖管道敷设的阀门，如果设计图无要求，则施工可以参考图 2-3 所示的要求。对于有些情况的识图，如果图纸没有图例，则可以根据常规表示方法与采暖供暖管道敷设的方式推断阀门的类型。

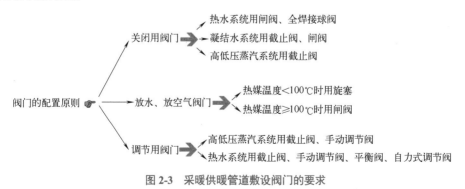

图 2-3　采暖供暖管道敷设阀门的要求

2.1.4 自然循环热水采暖系统的识图

自然循环的热水采暖系统图如图 2-4 所示。自然循环系统由于循环压力较小，其作用半径不宜超过 50m。自然循环的热水采暖系统，一般只能在单幢建筑物中使用。

自然循环系统依靠水的密度差进行循环，机械循环系统依靠水泵压力进行循环。

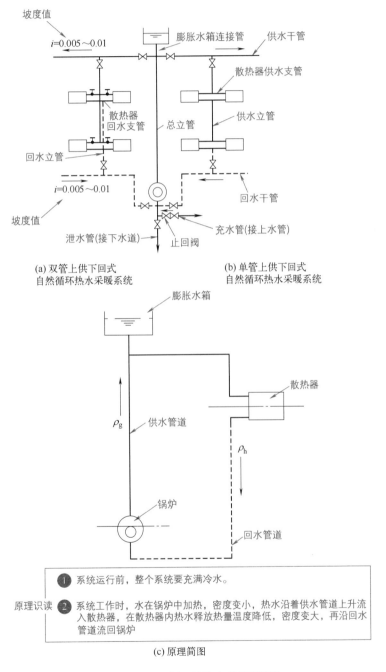

图 2-4 自然循环的热水采暖系统图

（1）看图 2-4 可知，自然循环热水采暖系统中锅炉为整个系统的加热中心，散热器属于系统的冷却中心。加热中心与冷却中心通过供水管路、回水管路连接起来。

（2）自然循环热水采暖系统常涉及的设备、管材有总立管、供水干管、供水立管、膨胀水箱连接管、充水管（接上水管）、散热器供水支管、散热器回水支管、回水立管、回水干管、泄水管（接下水道）、止回阀等。

（3）图 2-4 的自然循环热水采暖系统中最高处连接一个膨胀水箱。膨胀水箱，主要用来容纳水受热膨胀而增加的体积和排除系统内的空气。

（4）根据专业知识可知，自然循环热水采暖系统中，水的循环作用压力较小，流速较低，水平干管中水的流速一般小于 0.2m/s，干管中空气泡的浮升速度一般为 0.1～0.2m/s。立管中气泡的浮升速度大约为 0.25m/s，即超过了水的流动速度。所以，空气能够逆水流方向向高处聚集，并且通过膨胀水箱排除。

（5）自然循环热水采暖系统原理：系统工作前，先将系统内充满水，水在锅炉中被加热后密度减小，向上浮升，经供水管道流入散热器。在散热器内热水被冷却，密度增加，再沿回水管道返回锅炉。在水的循环流动过程中，供水和回水由于温度差的存在，产生了密度差，系统就靠供回水的密度差作为循环动力。

（6）自然循环作用压力的大小与供水、回水的密度差和锅炉中心与散热器中心的垂直距离有关。低温热水采暖系统，供回水温度一定时，为了提高系统的循环作用压力，应尽量增大锅炉与散热设备间的垂直距离。但是自然循环系统的作用压力都不大，作用半径一般不超过 50m。

（7）上供下回式自然循环热水采暖系统的供水干管敷设在所有散热器之上，回水干管敷设在所有散热器之下。自然循环上供下回式热水采暖系统的供水干管，应顺水流方向下有值为 0.005～0.01 的降坡度。散热器支管，也应沿水流方向有不小于 0.01 的下降坡度，以便空气能逆水流方向上升，聚集到供水干管最高处设置的膨胀水箱后被排除。

（8）回水干管向锅炉方向应有 0.005～0.01 的下降坡度，以便系统停止运行或检修时能通过回水干管顺利泄水。

（9）采暖系统很大时，需要的作用压力也大，则自然循环系统会满足不了要求，则需要选择机械循环采暖系统。

（10）根据专业知识可知，无论是采用单管系统还是双管系统，重力循环的膨胀水箱一般设置在系统供水总立管顶部（即距离供水干管顶标高 300～500mm 位置）。供水干管与回水干管，一般均需要具有 0.005～0.01 的坡度，并且坡向膨胀水箱。连接散热器的支管，根据支管的长度不同，需要具有 0.01～0.02 的坡度，以便使系统中的空气能集中到膨胀水箱而被排至大气。

2.1.5 机械循环热水采暖系统的识图

机械循环的热水采暖系统图如图 2-5 所示。机械循环的热水采暖系统设置了循环水泵，则供暖范围可以扩大，不仅可以给单栋建筑供暖，还可以在多栋建筑供暖、区域供暖等情况下应用。

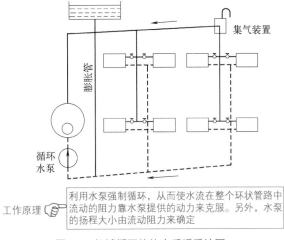

图 2-5　机械循环的热水采暖系统图

识读

（1）看图 2-5 可知，机械循环热水采暖系统设置了循环水泵，也就是说其靠泵的机械能使水在系统中强制循环。

（2）看图 2-5 可知，机械循环上供下回式系统中设置了循环水泵、膨胀水箱、膨胀管、集气装置、散热器等设备。

（3）机械循环系统与自然循环系统的主要区别：循环动力不同、膨胀水箱的连接点和作用不同、排气方式不同。

2.1.6　双管上回（行）下供式采暖系统的识图

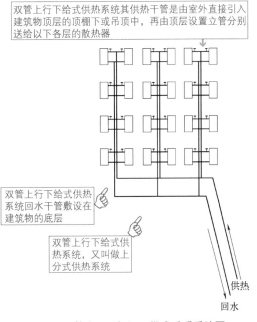

图 2-6　双管上回（行）下供式采暖系统图

（1）双管上回（行）下供式采暖系统图如图 2-6 所示。

（2）室外采暖管道进入室内采暖系统需设置引入装置（采暖系统入口装置），主要起到控制（接通或切断）热媒、减压、观察热媒参数等作用。

（3）采暖系统引入装置常由温度计、压力表、过滤器、平衡阀、泄水阀等组成。

（4）看图 2-6 可知，双管上回（行）下供式采暖形式，双管就是供水、回水采用两根管（供水立管或水平供水管、回水立管或水平回水管，也就是图中的供热管、回水管）。供热管，分配热水给多组散热器。回水管，供每个散热器直接沿该管回水。上回（行），就是回水干管设在所有散热器上面。下供，就是供水干管设在所有散热器设备的下面。

2.1.7　机械循环双管上供下回（行）式采暖系统的识图

机械循环双管上供下回（行）式采暖系统图如图 2-7 所示。热水的循环主要依靠水泵产生的压力，同时存在着自然作用压力。上层作用压力大，流经散热器的流量多，下层作用压力小，流经散热器的流量少，就会造成上热下冷的"垂直失调"现象，并且楼层越多，失调现象越严重。机械循环双管上供下回（行）式采暖可以在 4 层以下的建筑物中采用。

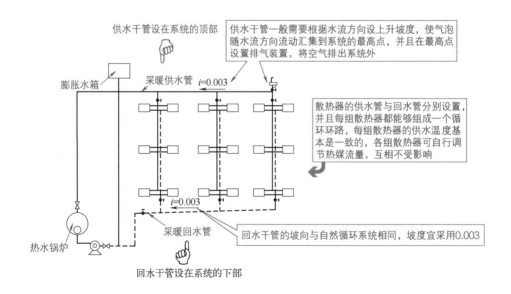

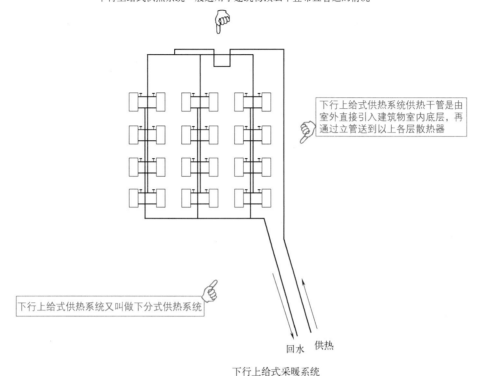

下行上给式供热系统一般适用于建筑物顶层不宜布置管道的情况

下行上给式供热系统供热干管是由室外直接引入建筑物室内底层，再通过立管送到以上各层散热器

下行上给式供热系统又叫做下分式供热系统

回水　供热

下行上给式采暖系统

图 2-7　机械循环双管上供下回（行）式采暖系统图

 识读

（1）单管系统与双管系统的划分，是根据连接相关散热器的管道数量来确定的。单管系统是用一根管道将多组散热器依次串联起来的系统。双管系统是用两根管道将多组散热器相互并联起来的系统。看图 2-7 可知，连接相关散热器的管道数量有 2 根，即 1 根供热管、1 根回水管。因此，该系统是双管系统。

（2）看图 2-7 可知，供热管、回水管均将多组散热器相互并联起来。

（3）看图 2-7 可知，回水管在多组散热器的下方。供热管在多组散热器的上方，因此系统为上供下回式。

2.1.8　机械循环单管上供下回（行）式采暖系统的识图

机械循环单管上供下回（行）式采暖的形式分为顺流式、跨越式，如图 2-8 所示。

所连接的散热器位于不同的楼层，一般采用垂直式。所连接的散热器位于同一楼层，一般采用水平式。

顺流单管系统不能调节单个散热器的散热量，跨越式单管系统采取多用管材（跨越管）、设置散热器支管阀门、增大散热器的方法来完成散热量在一定程度上的可调性。

单管系统的水力稳定性也比双管系统好，但是采用上供下回式单管系统时，往往低层散热器较大，有时会造成散热器布置困难。双管系统可单个调节散热器的散热量，但是管材耗量大、易产生垂直失调。

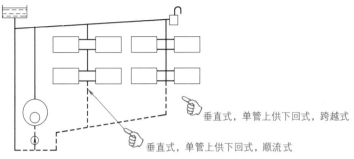

图 2-8　机械循环单管上供下回（行）式采暖系统图

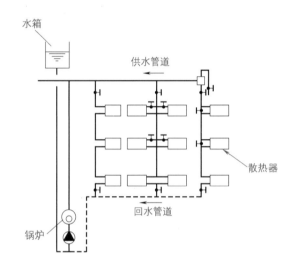

图 2-9　机械循环单管上供下回（行）式采暖系统图

 识读

（1）机械循环单管上供下回（行）式采暖系统图如图 2-9 所示。单管系统，由于各层的散热器串联在一个循环管路中，从上而下逐渐冷却过程所产生的压力可以叠加在一起，形成一个总压力。因此，单管系统不存在双管系统的垂直失调问题。

（2）单管系统，即使最底层散热器低于锅炉中心，也可以使水循环流动。由于下层散热器入口的热媒温度低，所以下层散热器的面积比上层要多。多层和高层建筑中，宜采用单管系统。

（3）看图 2-9 可知，该图是用一根管道将多组散热器依次串联起来的系统，即单管系统。

（4）看图 2-9 可知，图中供水管道标注在上面，回水管道标注在下面，即可判断该系统图是上供下回（行）式系统。

2.1.9　机械循环双管下供下回式采暖系统的识图

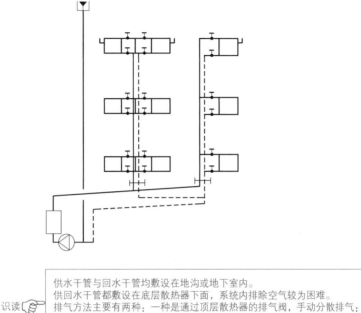

识读

供水干管与回水干管均敷设在地沟或地下室内。
供回水干管都敷设在底层散热器下面，系统内排除空气较为困难。
排气方法主要有两种：一种是通过顶层散热器的排气阀，手动分散排气；
　　　　　　　　　　　另一种是通过专设的空气管，手动或集中自动排气。
施工中，每安装好一层散热器即可采暖

图 2-10　机械循环双管下供下回式采暖系统的识图

识读

（1）机械循环双管下供下回式采暖系统图如图 2-10 所示。看图可知，本图属于机械循环双管下供下回式采暖系统。机械循环双管下供下回式采暖系统的供水干管、回水干管均位于系统最下面。

（2）下供下回式与上供下回式相比，供水干管无效热损失小，可减轻上供下回式双管系统的垂直失调。垂直失调，就是沿垂直方向各房间的室内温度偏离设计工况。

（3）下供下回式采暖系统的上层散热器环路重力作用压头大，但是管路也长，阻力损失大，这有利于水力平衡。

（4）下供下回式采暖系统的顶棚下没有干管，比较美观。

（5）下供下回式采暖系统可以分层施工，分期投入使用。

（6）下供下回式采暖系统的底层需要设管沟或有地下室，以便于布置两根干管。

（7）下供下回式采暖系统应在顶层散热器上设放气阀或空气管排除空气。

2.1.10 机械循环下供上回式（倒流式）采暖系统的识图

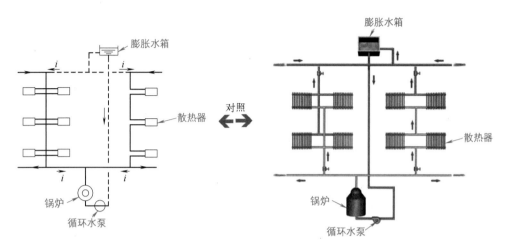

图 2-11 机械循环下供上回式（倒流式）采暖系统图

 识读

（1）机械循环下供上回式（倒流式）采暖系统图如图 2-11 所示。机械循环下供上回式（倒流式）采暖系统，其供水干管设在所有散热器设备的下面，并且在系统最下面。回水干管设在所有散热器上面，并且在系统最上面。膨胀水箱连接在回水干管上。

（2）看图可知，回水经过膨胀水箱流回锅炉房，然后被循环水泵送到锅炉。水在该系统内立管中的流动方向是自下而上的，并且与空气流动（浮升）方向是一致的，这样可以通过膨胀水箱排除空气，无需设置集中排气罐等排气装置。

（3）对于热损失大的底层房间，由于底层供水温度高，底层散热器的面积减小，这样便于布置。

（4）供水干管在下部，回水干管在上部，这样无效热损失小。

（5）下供上回式（倒流式）与上供下回式相比，底层散热器平均温度升高，从而可以减少底层散热器面积，有利于解决某些建筑物中底层散热器面积过大而难以布置的问题。

（6）下供上回式（倒流式），当热媒为高温水时，底层散热器供水温度高，回水静压力也大，则有利于防止水的汽化。

2.1.11 机械循环上供中回式采暖系统的识图

机械循环上供中回式采暖系统图如图 2-12 所示。机械循环上供中回式系统适合不宜设置地沟的多层建筑。

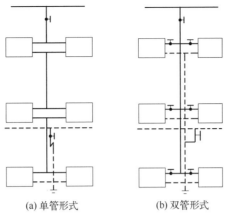

(a) 单管形式   (b) 双管形式

图 2-12　机械循环上供中回式采暖系统图

 识读

（1）看图 2-12 可知，机械循环上供中回式采暖系统的回水干管可以设置在一层顶板下或楼层夹层中，这样可以省去地沟。

（2）看图 2-12 可知，机械循环上供中回式采暖系统，如果在立管下端设泄水堵丝，可以方便泄水与排放管道中的杂物。

（3）看图 2-12 可知，回水干管末端需要设置自动排气阀或其他排气装置。

2.1.12　中供式采暖系统的识图

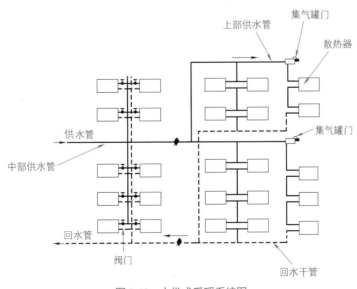

图 2-13　中供式采暖系统图

（1）中供式采暖系统图如图 2-13 所示。看图可知，中供式系统的供水干管位于中间某楼层，即图中中部供水管位于散热器组的中间。系统还接有集气罐门，而且设置在管道的最高点。采暖系统中的集气罐主要用于集中排除空气。

（2）看图 2-13 可知，中供式系统的供水干管将系统在垂直方向上分为两部分，上半部分系统可为下供下回式系统或上供下回式系统，下半部分系统可以为上供下回式系统。

（3）中供式系统可以减轻垂直失调，但是计算和调节均比较麻烦。

2.1.13 机械循环上供上回式采暖系统的识图

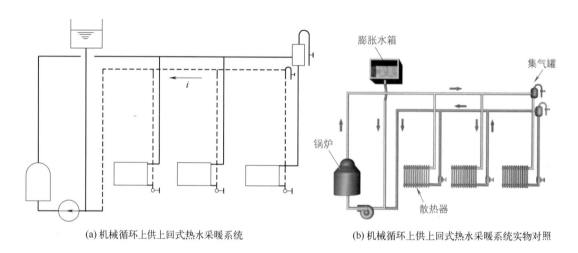

(a) 机械循环上供上回式热水采暖系统　　　　　　(b) 机械循环上供上回式热水采暖系统实物对照

图 2-14　机械循环上供上回式采暖系统图

（1）机械循环上供上回式采暖系统图如图 2-14 所示。看图可知，上供上回式系统，供水干管、回水干管均位于系统最上面。

（2）看图 2-14 可知，上供上回式系统采暖干管不与地面设备、其他管道发生占地矛盾。上供上回式系统立管下面一般均设放水阀。

2.1.14 水平串联式采暖系统的识图

水平串联式采暖系统图如图 2-15 所示。根据供水管与散热器的连接方式，可以分为顺流式、跨越式等类型。

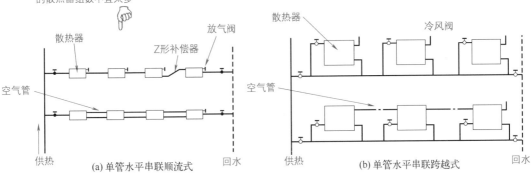

水平串联式采暖系统具有构造简单、节省管材、减少穿越楼板等特点。但是每一串联环路连接的散热器组数不宜太多 ☞

(a) 单管水平串联顺流式   (b) 单管水平串联跨越式

图 2-15　水平串联式采暖系统图

 识读

（1）根据散热器的连接方式，将热水采暖系统分为垂直式系统、水平式系统。垂直式采暖系统，是指不同楼层的各散热器用垂直立管连接的系统。水平式采暖系统，是指同一楼层的散热器用水平管线连接的系统。

（2）看图 2-15 可知，水平串联式，是一根立管水平串联多组散热器。串联散热器很多时，运行中易出现前端过热、末端过冷的水平失调现象。因此，每个环路散热器组以 8 ～ 12 组为宜。水平串联式，对于各层有不同使用功能与不同温度要求的建筑物，便于分层调节和管理。

（3）看图 2-15 可知，水平串联式常涉及的设备、管材等有供水干管、回水干管、系统供水立管、系统回水立管、供水立管、回水立管、水平支路管道、散热器、放气阀、空气管、补偿器等。水平式系统设有膨胀水箱时，水箱的标高可以降低，便于分层控制与调节。

（4）看图 2-15 可知，水平式系统，可用于公用建筑、分户热计量的住宅系统等。水平式系统用于公用建筑如水平管线过长时，容易因胀缩引起漏水。所以，在散热器两侧设 Z 字弯，并且每隔几组散热器加 Z 字弯管补偿器或方形补偿器。

（5）看图 2-15 可知，水平顺流式系统中串联散热器组数不宜太多，可以在散热器上设放气阀或多组散热器用串联空气管来排气。

2.1.15　异程式采暖系统与同程式采暖系统的识图

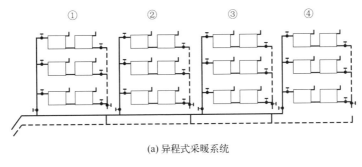

①   ②   ③   ④

(a) 异程式采暖系统

图 2-16

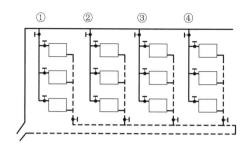

(b) 同程式采暖系统

图 2-16   异程式采暖系统与同程式采暖系统图

 识读

（1）异程式采暖系统与同程式采暖系统图如图 2-16 所示。同程式系统与异程式系统的划分，是根据各并联环路水的流程情况来进行的。

（2）看图 2-16 可知，同程式系统是各环路管路总长度基本相等的系统，即在供暖系统供水、回水干管布置上，通过各个立管的循环管路的总长度相等。

（3）看图 2-16 可知，异程式系统是热媒沿各基本组合体管程不同的系统，即在供暖系统供水、回水干管布置上，通过各个立管的循环管路的总长度不等。

（4）看图 2-16 可知，异程式近处立管分配的流量多，房间过热。远处立管分配的流量少，房间过冷。

（5）看图 2-16 可知，同程式环路的压力损失容易平衡，消耗管材多。

2.1.16   计量热水采暖系统的识图

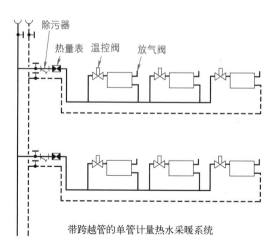

带跨越管的单管计量热水采暖系统

图 2-17   计量热水采暖系统的识图

（1）计量热水采暖系统的识图如图 2-17 所示。看图可知，分户计量热水采暖系统的图，往往需要设置热量表。

（2）看图 2-17 可知，带跨越管的单管计量热水采暖系统，相对而言系统简单，但是一般需要设置散热器温控阀。带跨越管的单管计量热水采暖系统，可用于新建住宅，其干管可以暗埋于地面层内。

（3）看图 2-17 可知，带跨越管的单管计量热水采暖系统，采用了除污器、热量表、温控阀、放气阀。其中，散热器温控阀是安装在散热器上的自动控制阀门，它是无需外加能量即可工作的一种比例式调节控制阀。散热器温控阀通过改变采暖热水流量来调节、控制室内温度，防止过热。

（4）散热器温控阀控制元件是一个温包，内充感温物质。室温升高时，温包膨胀使阀门关小，从而减少散热器热水供应。室温下降时过程相反，这样达到控制温度的目的。散热器温控阀还可以调节设定温度，并可按设定要求自动控制和调节散热器的热水供应量。

（5）计量热水采暖系统中除污器的主要作用是除去水系统中的杂物、气泡。

2.1.17　建筑双水箱与单水箱热水采暖系统的识图

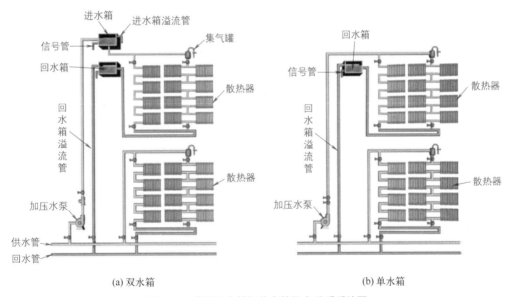

(a) 双水箱　　　　　　　　　　　　　(b) 单水箱

图 2-18　建筑双水箱与单水箱热水采暖系统图

（1）建筑双水箱与单水箱热水采暖系统图如图 2-18 所示。看图可知，采暖系统采用双水箱，即采用了回水箱、进水箱。采暖系统单水箱则只采用了回水箱。采暖回水箱的主要作用就是储存、流通回水。采暖进水箱的主要作用就是储存、流通进水。

（2）看图可知，进水立管增设了加压水泵。加压水泵主要用于增加供暖系统中循环水的压力，以确保水能够顺利流动到各个供暖终端设备。

（3）如果高层建筑的顶部设置一个回水箱，高层建筑的屋顶设置一个进水箱，则由于建筑物的高度大于外网的供水压力，则需要在建筑入口位置设置加压水泵，将外网供水加压后送到进水箱中。水泵扬程为进水最高水位与外网的供水压力之差加上水泵吸入口阻力损失与压出口的阻力损失。

（4）看图可知，回水箱、进水箱均设置了溢流管。溢流管主要用于排出水箱内超过规定水位的水，还起到降低系统压力等作用。

（5）看图可知，回水箱、进水箱均设置了信号管。信号管主要用于监督水箱内的水位。

（6）看图可知，双水箱系统的供水（热水）经过阀门、水泵、进水立管进入进水箱。进水箱中的水通过进水干管、散热器、回水干管后，进入回水箱。进入回水箱的水，通过回水箱上设置的溢流回水管，返回热网回水干管中。

（7）供水箱、回水箱在上层采暖系统中主要作为流通水箱，不是真正的蓄水箱，其作用在于保持一定的水位，并且对供水量、回水量的暂时不平衡起缓冲作用。供水箱与回水箱的容积，设计中可以根据10min循环水量来计算。

（8）供水箱、回水箱的溢流管管径一般比回水管管径大2～3号来选取。

2.1.18　建筑双线式热水采暖系统的识图

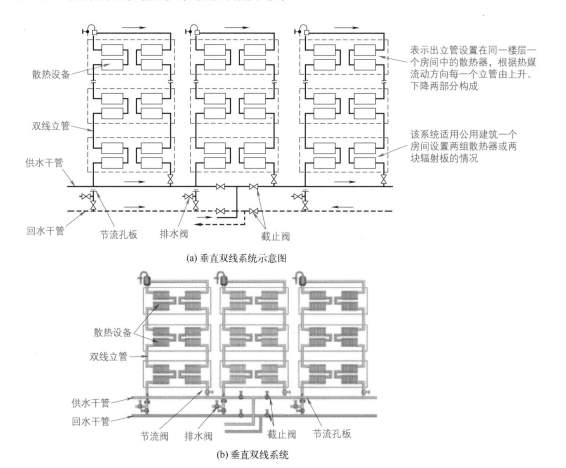

(a) 垂直双线系统示意图

(b) 垂直双线系统

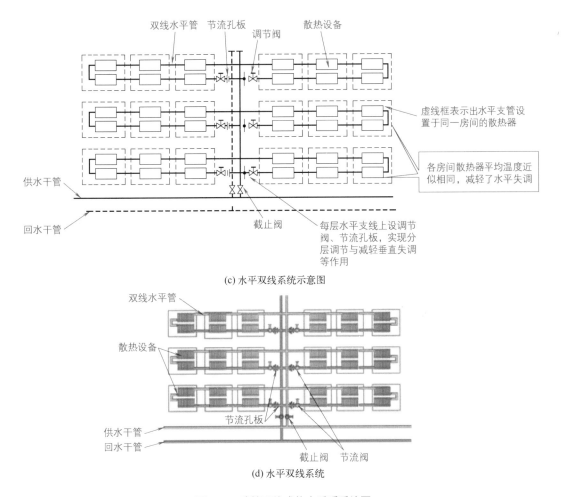

(c) 水平双线系统示意图

(d) 水平双线系统

图 2-19 建筑双线式热水采暖系统图

识读

（1）建筑双线式热水采暖系统图如图 2-19 所示。双线式采暖系统只能够减轻系统失调，不能够解决系统下部散热器超压的问题。双线式采暖系统，有垂直双线系统、水平双线系统等种类。垂直双线热水采暖系统，一般适用于公用建筑一个房间设置两组散热器或两块辐射板的情况。

（2）看图可知，垂直双线热水采暖系统主要涉及供水干管、回水干管、双线立管、散热器或加热盘管、截止阀、排水阀、节流孔板、调节阀等。

（3）看图可知，垂直双线热水采暖系统的立管设置于同一楼层同一房间中的散热器，根据热媒流动方向每一个立管由上升和下降两部分构成。垂直双线热水采暖系统各层散热器的平均温度近似相同，从而可以减轻垂直失调。垂直双线热水采暖系统的立管使阻力增大，提高了系统的水力稳定性。

（4）看图可知，垂直双线热水采暖系统中的散热器立管由上升立管、下降立管组成。

（5）看图可知，水平双线热水采暖系统主要涉及供水干管、回水干管、双线水平管、散热器、截止阀、节流孔板、调节阀等。

（6）看图可知，水平双线热水采暖系统中的水平支管设置于同一房间的散热器，与垂直双线系统类似。水平双线热水采暖系统各房间散热器平均温度近似相同，减轻了水平失调。

（7）看图可知，水平双线热水采暖系统在每层水平支线上设调节阀、节流孔板，可以实现分层调节与减轻垂直失调。

（8）看图可知，垂直双线热水采暖系统，是在每根回水立管末端设置节流孔板，以增大立管阻力，以解决由于各立管阻力较小，易引起水平方向的热力失调的问题。

2.1.19　建筑单双管混合采暖系统的识图

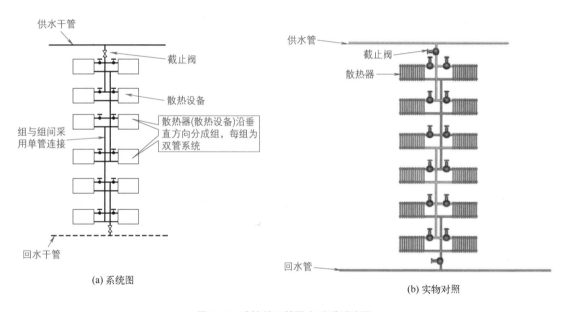

图 2-20　建筑单双管混合采暖系统图

 识读

（1）建筑单双管混合采暖系统图如图 2-20 所示。看图可知，单双管混合式采暖系统是将采暖系统的散热器沿垂直方向分成若干组，每组间采用双管形式，而组与组之间采用单管连接。

（2）建筑单双管混合采暖系统，可以避免双管系统在楼层过多时出现的严重的竖向失调问题，可以避免散热器支管管径过粗的缺点，还可以克服单管系统中散热器不能进行单个调节的弊病。

2.1.20　建筑分区式采暖系统的识图

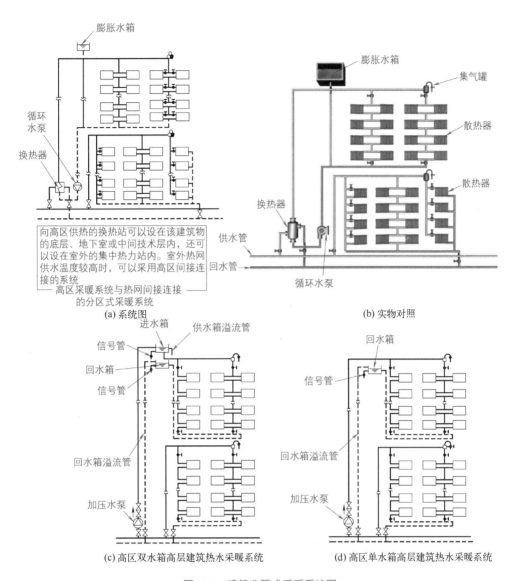

(a) 系统图

(b) 实物对照

(c) 高区双水箱高层建筑热水采暖系统

(d) 高区单水箱高层建筑热水采暖系统

图 2-21　建筑分区式采暖系统图

 识读

（1）建筑分区式采暖系统图如图 2-21 所示。看图可知，竖向分区式供暖系统，就是高层建筑热水供暖系统在垂直方向上分成两个或两个以上的独立系统。竖向分区式供暖系统的低区通常直接与室外热网相连接，并且需要考虑室外管网的压力、散热器的承压能力，从而决定其层数的多少。高区与外网的连接形式主要有设热交换器的分区式系统、设双水箱的分区式系统、设阀前压力调节器的分区式系统、设断流器和阻旋器的分区式系统等不同类型。

（2）看图可知，分区式供暖系统分为高区、低区或高区、中区、低区，其分界线取决于集中热网的压力工况、建筑物总层数、所选散热器的承压能力等条件。分区式系统，低区部分可与集中热网直接或间接连接，高区部分可根据外网的压力选择不同的形式。

（3）高区采用双水箱，用加压泵将供水注入进水箱，依靠进水箱与回水箱间的水位差或利用系统最高点的压力作为高区采暖的循环动力。系统停止运行时，利用水泵出口止回阀使高区与外网供水管断开，高区高静水压力传递不到底层散热器、外网其他用户。由于回水竖管的管内水高度取决于外网回水管的压力大小，回水箱高度超过了用户所在外网回水管的压力。竖管上部为非满管流，起到了将系统高区与外网分离的作用。

（4）有的情况不在高区设水箱，在进水总管上设加压泵，在回水总管上安装减压阀，形成分区式系统。

（5）有的情况高区采用下供上回式系统，回水总管上采用"排气断流装置"代替水箱的分区式系统。

（6）分区式系统，可以同时解决系统下部散热器超压、系统易产生垂直失调等问题。

2.1.21　热水和蒸汽混合式采暖系统的识图

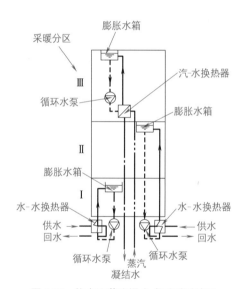

图 2-22　热水和蒸汽混合式采暖系统图

 识读

（1）热水和蒸汽混合式采暖系统图如图 2-22 所示。特高层建筑，最高层的静水压力超过一般的管路附件、设备的承压能力（一般为 1.6MPa），则可以将建筑物沿垂直方向分成若干个区：高区利用蒸汽做热媒向位于最高区的汽-水换热器供给蒸汽，低区采用热水作为热媒。

（2）根据集中热网的压力、温度等情况来确定蒸汽区与热水区采用直接连接还是间接连接。

2.1.22　室内采暖系统施工图总述的识读

室内采暖系统施工图，一般由施工说明、施工平面图、采暖系统图、采暖施工详图及大样图等组成。

（1）施工说明的识读，也就是从文字说明中了解以下内容：

① 散热器的型号；

② 管道的材料、管道的连接方式；

③ 管道、支架、设备的刷油和保温做法；

④ 施工图中使用的标准图、通用图。

（2）室内采暖施工平面图的识读，也就是了解采暖管道与散热器等的平面布置和平面位置。通过识读室内采暖施工平面图，可以了解以下内容：

① 散热器的位置、片数；

② 供水干管、回水干管的布置方式与干管上的阀门、固定支架、伸缩器的平面位置；

③ 膨胀水箱、集气罐等设施的位置；

④ 管道在哪些地方走地沟。

（3）采暖系统图的识读，也就是了解采暖系统管道在空间的走向。识读采暖管道系统图时，可以了解的内容如下：

① 了解采暖管道的来龙去脉，包括管道的空间走向、空间位置，管道直径、管道变径点的位置；

② 管道上阀门的位置、规格；

③ 散热器与管道的连接方式；

④ 采暖系统图与平面图对照，可以了解哪些管道是明装，哪些管道是暗装。

（4）采暖施工图详图及大样图的识读，也就是了解在采暖平面图、系统图中表示不清楚又无法用文字说明的地方。常见的详图如下：

① 地沟内支架的安装大样图；

② 地沟入口处详图，即热力入口详图；

③ 膨胀水箱间安装详图等。

2.1.23　采暖供暖图管道敷设坡度的识读

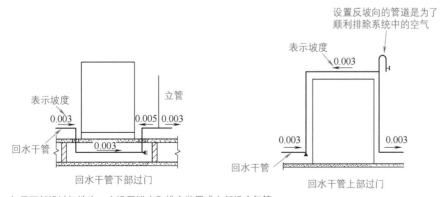

图 2-23　采暖供暖图管道敷设的坡度

（1）采暖供暖图管道敷设的坡度如图 2-23 所示。采暖供暖管道敷设的坡度、坡向可以看图。如果设计图无要求时，则施工可以参考表 2-1 的要求。

表2-1　采暖供暖管道敷设的坡度

管道类别		最小坡度	一般坡度	一般坡向
热水供回水干管	气水同向	≥ 0.002	0.003	供水干管宜抬头走
	气水逆向	≥ 0.005	0.006	
蒸汽干管	汽水同向	≥ 0.002	0.003	供汽干管宜低头走
	汽水逆向	≥ 0.005	0.006	
凝结水干管		> 0.002	0.003	凝结水管宜低头走
散热器连接支管		0.01		接散热器的供回水支管均应低头走 如：
散热器水平串联		可以不作坡度，但管内流速应大于 0.25m/s		

（2）上供下回式系统的顶层梁下和窗顶间的距离，需要满足供水干管的坡度、集气罐设置要求。集气罐应尽量设在有排水设施的房间，以便于排气。

（3）上供下回式系统的回水干管如果敷设在地面上，底层散热器下部和地面间的距离，需要满足回水干管敷设坡度的要求。如果地面上不允许敷设或净空高度不够时，则可以设在半通行地沟或不通行地沟内。

（4）看图可知，回水干管坡度是 0.003。立管两侧向内坡度是 0.005，向外坡度是 0.003。

2.1.24　加热管布置形式的识图

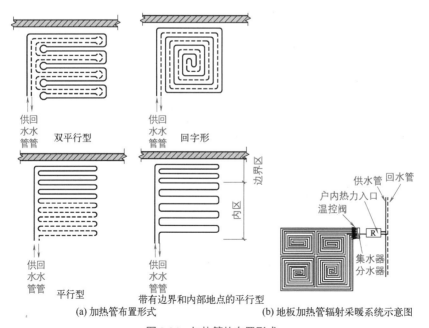

(a) 加热管布置形式　　　　(b) 地板加热管辐射采暖系统示意图

图 2-24　加热管的布置形式

（1）加热管的布置形式如图 2-24 所示。加热管布置形式，常见的有回字形、平行型、S形、L形、U形等。识读判断，就是看加热管布置的形状像什么（例如像回字、S字母、L字母、U字母等），就是什么类型（例如对应的就是回字形、S形、L形、U形等）。

（2）看图可知，加热管布置时供水管末端与回水管前端相连。

（3）看图可知，各户在分水器前安装热量表，可实现按户计量。如果在每个房间支环路上增设恒温阀，即可实现分室控温。不过，设置分户的温控装置宜慎重。因为分户调节流量后有达到稳定的时间较长等缺点。

2.1.25 热水地面辐射采暖系统的识图

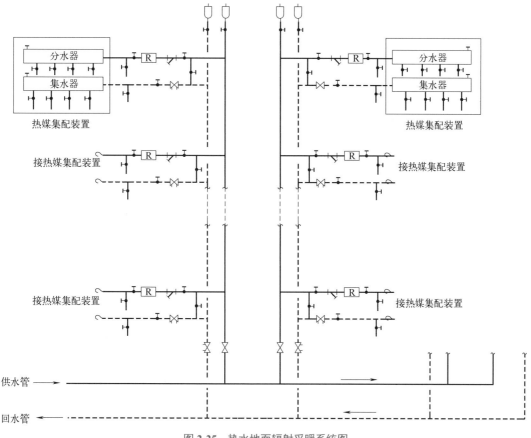

图 2-25 热水地面辐射采暖系统图

（1）热水地面辐射采暖系统图如图 2-25 所示。热水地面辐射供暖系统图，主要涉及供水管系统、回水管系统、装置的布设与连接。

（2）热媒集配装置，内部其实是分水器、集水器，也就是由集水器和分水器组合而成的水流量分配和汇集的装置。分水器提供供水管，集水器提供回水管。分水器、集水器对供暖的各个回路的热量匹配、室温的控制调节起着决定性的作用。热媒集配装置各路的阀门，可以对其所在的管路中的介质起切断和节流的作用。

（3）为了便于理解图纸，在图 2-26 中标注了符号的含义。

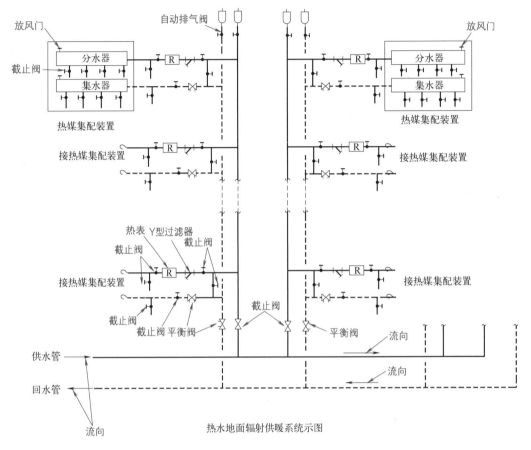

图 2-26　热水地面辐射采暖系统图的识图

（4）看图可知，该图是多组多层热水地面辐射供暖系统，图给出了两组各组 3 层的图示，其他类似。

（5）两组热水地面辐射供暖类似，各组各层也基本类似。

（6）看图可知，主干供水管供水从左到右流动，然后分别进入支路供水。支路供水，先连接截止阀，然后经支路干管直到顶层，并且在顶端安装自动排气阀。各层供水管，从支路干管接入，然后接截止阀 1、过滤器、热表、截止阀 2、热媒集配装置。接热媒集配装置前，截止阀 2 后，外接截止阀 3。其中，平衡阀的主要作用有调节压力、平衡水流、保护管道、节能等。

（7）Y 型过滤器是输送介质的管道系统不可缺少的一种过滤装置，Y 型过滤器常安装在减压阀、泄压阀、定水位阀或其他设备的进口端，用来清除介质中的杂质，以保护阀门及设备的正常使用。

（8）看图可知，主干回水管上安装各路支路回水管，各路支路回水管顶端均安装自动排气阀。各支路回水管接平衡阀之后接入回水干管。

（9）看图可知，各层供水管与各层回水管间均连接一个截止阀。

2.1.26　带热计量表的热水采暖入口装置的识图

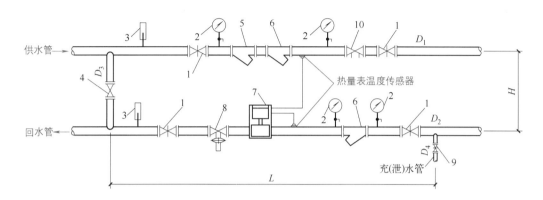

带热计量表热水供暖入口装置图

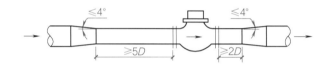

热量表流量传感器变径管示意图（D为热量表公称直径）

DN150	DN150	DN50	DN40	3300	900
DN125	DN125	DN40	DN32	3000	800
DN100	DN100	DN40	DN32	2800	700
DN80	DN80	DN32	DN32	2500	600
DN65	DN65	DN25	DN25	2300	600
DN50	DN50	DN25	DN25	2000	500
DN40	DN40	DN25	DN20	1900	500
DN32	DN32	DN25	DN20	1800	500
D_1	D_2	D_3	D_4	L	H
尺寸表/mm					

件号	名称	型号	规格	单位	数量
10	静态水力平衡阀		单体工程设计定	个	1
9	闸板阀		同D_4	个	4
8	控制阀		单体工程设计定	个	1
7	热量表		单体工程设计定	个	1
6	细过滤器	Y型	60目	个	2
5	粗过滤器	Y型	6～10目	个	1
4	闸板阀		同D_3	个	1
3	温度计		单体工程设计定	个	2
2	压力表	Y-100	单体工程设计定	个	4
1	阀门	闸阀或全焊接球阀	同D_1或D_2	个	4

图 2-27　带热计量表热水采暖入口装置示意图

 识读

（1）带热计量表热水采暖入口装置示意图，如图 2-27 所示。识读该类图，就是理解管道与各装置的连接顺序与特点。图 2-27 标注了各种阀门和仪表的名称，平时，则需要将表与图对照识读。带热计量表热水供暖入口装置的识读如图 2-28 所示。

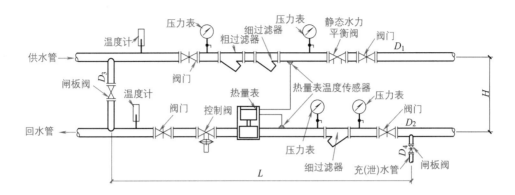

带热计量表热水供暖入口装置图

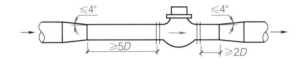

热量表流量传感器变径管示意图(D为热量表公称直径)

图 2-28 带热计量表热水供暖入口装置的识读

（2）看图可知，供水管与回水管间连接闸板阀构成旁通，可以起到保证水压平衡、降低水垢沉积、有效调节水流量、冬季防冻凝、旁通回流等作用。

（3）看图可知，供水管上连接温度计，用于检测管道里的水温。供水管连接阀门，该阀门主要起到关闭与开启等作用，以便于检修等情况下暂时关闭供水。供水管接阀门后再连接压力表，从而可以监测管道的压力情况，精确测量介质的稳态压力与瞬态压力，监测水压是否过高或过低，以及借助压力情况及时发现管道是否有漏水、泄漏等问题。供水管接粗过滤器、细过滤器：粗过滤器主要是把大颗粒杂质过滤掉，细过滤器主要是把微生物等细微颗粒与杂质过滤掉。之后，供水管接压力表、静态水力平衡阀、阀门等。其中，静态水力平衡阀主要是对管道系统中的水流进行控制，以防止由于管道压力过高或过低造成使用问题。由于管道的长度和管道系统中分支管的数目不同，往往会造成水在管道中的压力有所不同。如果管道某处的水压过高或过低，会影响采暖系统的使用效果，甚至造成管道系统崩溃。为此，水管中增设静态水力平衡阀。

（4）看图可知，回水管的水流方向与供水管水流方向相反。因此，理解回水管的连接，可以从入端连接开始：回水管一端连接闸板阀与泄水管。泄水管主要用于排放过剩水。回水管另一端连接阀门 1 →压力表 1 →细过滤器→压力表 2 →热量表→控制阀→阀门 2 →温度计等。其中，热量表主要用来测量热能流通量，其可以精确地测量采暖系统中的热水流量、温度、压力等参数，使采暖系统能够更加高效地运行。采暖系统中，热量表常安装在热水回水管上，以便准确监测热量通量，提高运行效率。

2.1.27 明装高压蒸汽一次减压入口装置的识图

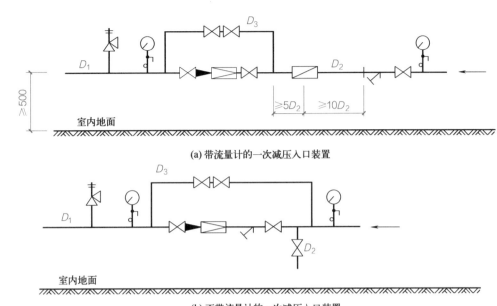

(a) 带流量计的一次减压入口装置

(b) 不带流量计的一次减压入口装置

图 2-29 明装高压蒸汽一次减压入口装置

 识读

（1）明装高压蒸汽一次减压入口装置如图 2-29 所示。蒸汽管道，一般在每段管道中的最低点要设排水装置，即图中的泄水管；最高点应设放气阀，即图中的安全阀。

（2）有坡度要求的，应根据图确定标高与坡度。蒸汽管道的坡度最好与蒸汽流动方向相同，以避免噪声。

（3）明装高压蒸汽一次减压入口装置图的识图如图 2-30 所示。对于该类图，应了解各符号的含义，然后根据各符号的连接关系掌握图纸表达的原理与连接要求。为便于理解、识读该图，特对符号含义进行了标注以及提供了与剖面图的对照。

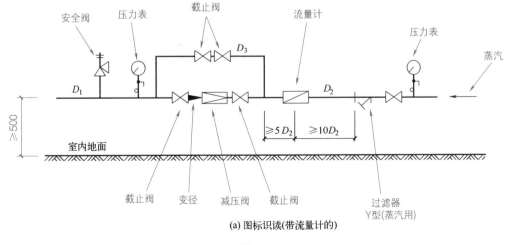

(a) 图标识读(带流量计的)

图 2-30

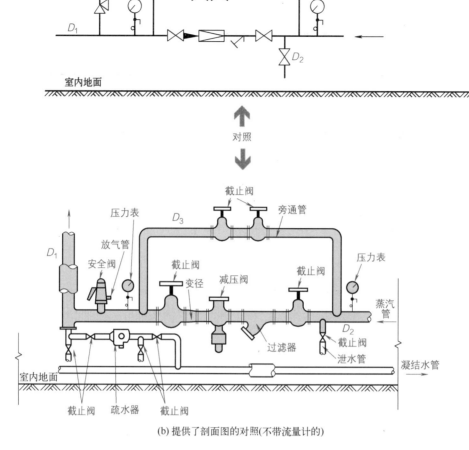

(b) 提供了剖面图的对照(不带流量计的)

图 2-30　明装高压蒸汽一次减压入口装置图的识图

（4）识读蒸汽管道的连接安装图，可以根据蒸汽流动方向，进行依次有序连接。原图左边的箭头，就表示蒸汽流动方向是从右到左的。

（5）看图可知，蒸汽流入端，管道连接压力表，以检测入端蒸汽压力，保证系统的安全与可靠。然后，分三路：一路接旁通管、截止阀，然后与主干管相连。另外一路，接截止阀、泄水管等。还有一路，即主干路，接截止阀1、过滤器、截止阀2、变径、截止阀3、压力表、安全阀等。

（6）疏水器安装在蒸汽管道末端或管道（或压力）低处位置，主要用来排除凝结水。蒸汽管道通过疏水器排出的冷凝水温度是根据蒸汽压力决定的。

（7）减压阀前后两端的压力表，分别检测减压前的蒸汽压力与减压后的蒸汽压力。

（8）除了压力表、安全阀、减压阀外，其余管道往往需要保温，具体看是否有相关说明与要求。

（9）活塞减压阀减压后的压力不应小于0.1MPa。如果减到0.07 MPa 以下，则需要再设波纹管式减压阀或者应用截止阀进行二次减压。

（10）安全阀的放气管底部一般需要安装到安全地点的疏水管，并且放气管、疏水管上均不允许安装阀门。

2.1.28 低压蒸汽采暖系统的识图

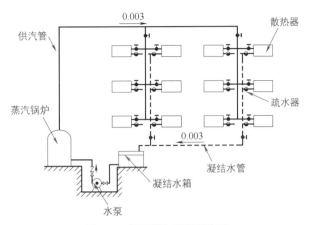

图 2-31 低压蒸汽采暖系统图

识读

（1）低压蒸汽采暖系统图如图 2-31 所示，其参考实物图如图 2-32 所示。

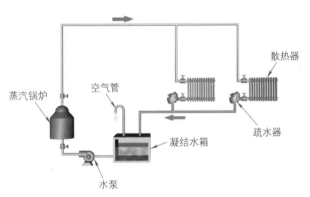

图 2-32 低压蒸汽采暖系统参考实物图

（2）看图可知，蒸汽锅炉产生的蒸汽通过供汽干管、立管、散热设备支管进入散热器，然后蒸汽在散热器中放出热量，并且变为凝结水。凝结水再经过疏水器沿着凝结水管流回到凝结水池，然后由凝结水泵将凝结水再送到蒸汽锅炉重新加热。加热之后，再通过供汽干管、立管、散热设备支管进入散热器进行散热。

（3）看图可知，凝结水箱一般设在低处，并且高于水泵，这样有利于凝结水的收集与传送。

（4）蒸汽锅炉与凝结水泵间设置止回阀，可以防止水泵停止工作时水从蒸汽锅炉倒流到凝结水箱。

（5）散热器凝结水流出端安装疏水器，可以起到阻汽疏水以及阻止蒸汽从凝结水管流回蒸汽锅炉等作用。在每根凝结水立管下部装一个疏水器，代替每个凝结水支管上的疏水器，这样可以减少设备投资、保证凝结水干管中无蒸汽流入，但是凝结水立管中会存在蒸汽现象。

（6）每一个散热器上安装自动排气阀，以便随时排净散热器内的空气。

2.1.29 双管上供下回式低压蒸汽采暖系统的识图

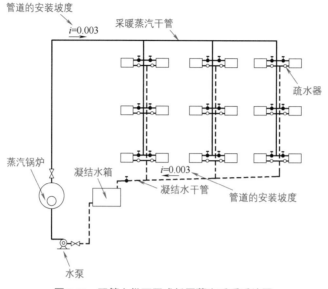

图 2-33 双管上供下回式低压蒸汽采暖系统图

（1）双管上供下回式低压蒸汽采暖系统图如图 2-33 所示。看图可知，双管上供下回式低压蒸汽采暖系统采暖蒸汽管在上，凝结水管在下。上供下回式低压蒸汽采暖系统是蒸汽采暖中使用最多的一种形式，采暖效果好，可用于多层建筑，但是耗费钢材。

（2）蒸汽采暖系统管道的设置、安装有坡度要求，从图可知坡度要求均为 0.003。

2.1.30 双管下供下回式低压蒸汽采暖系统的识图

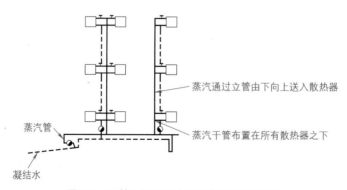

图 2-34 双管下供下回式低压蒸汽采暖系统图

识读

（1）双管下供下回式低压蒸汽采暖系统图如图2-34所示。看图可知，蒸汽沿着立管向上输送时，沿途产生的凝结水由于重力作用会向下流动，与蒸汽流动的方向相反。

（2）蒸汽的运动速度较大，会携带水滴向上运动，以及撞击弯头、阀门等部件，会产生震动、噪声，即水击现象。

2.1.31 双管中供下回式低压蒸汽采暖系统的识图

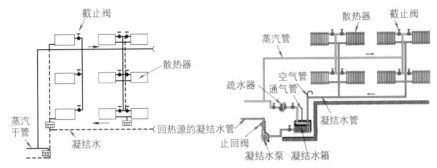

图 2-35 双管中供下回式低压蒸汽采暖系统图与实物对照

识读

（1）双管中供下回式低压蒸汽采暖系统图与实物对照如图2-35所示。看图可知，中供下回式低压蒸汽采暖系统，不必设置专门的蒸汽干管末端疏水器。

（2）中供下回式低压蒸汽采暖系统，蒸汽干管的沿途散热得到了有效的利用。

（3）中供下回式低压蒸汽采暖系统，适用于多层建筑的采暖系统在顶层天棚下面不能敷设干管的场合。

2.1.32 高压蒸汽采暖系统的识图

高压蒸汽采暖系统图如图2-36所示，实物对照如图2-37所示。

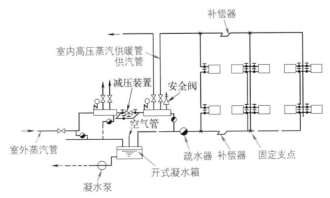

图 2-36 高压蒸汽采暖系统

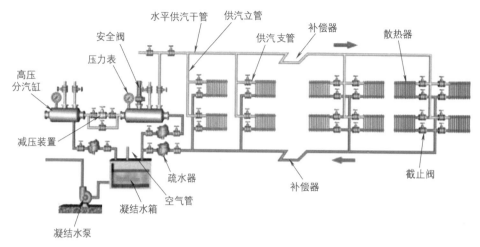

图 2-37　高压蒸汽采暖系统实物对照

 识读

（1）看图可知，高压蒸汽供暖系统的管径、散热器片数，均小于低压蒸汽供暖系统。

（2）高压蒸汽供暖系统的散热器内蒸汽压力高，表面温度高，易发生烫伤人等事故。

（3）高压蒸汽供暖系统的凝结水温度高，其通过疏水器减压后，会重新气化，易产生二次蒸发。

（4）高压蒸汽供暖系统中的锅炉房送出的蒸汽压力一般很高，因此，在蒸汽送入高压蒸汽供暖系统前，应选择减压装置将蒸汽压力降到所要求的数值。一般情况下，高压蒸汽供暖系统的蒸汽压力不超过300kPa。

（5）高压蒸汽供暖系统为了避免高压蒸汽与凝结水在立管中反向流动发出的噪声，一般采用双管上供下回式系统。

（6）蒸汽供暖系统散热器热媒平均温度一般都高于热水供暖系统。

（7）蒸汽管道中的流速，常采用比热水流速高得多的速度，其管径小。

（8）蒸汽供热系统的热惰性小，供汽时热得快，停汽时冷得也快，因此，其适宜用于间歇供热的用户。

2.2.1 某工程采暖系统的识读

某工程采暖系统
的识读

扫码观看视频

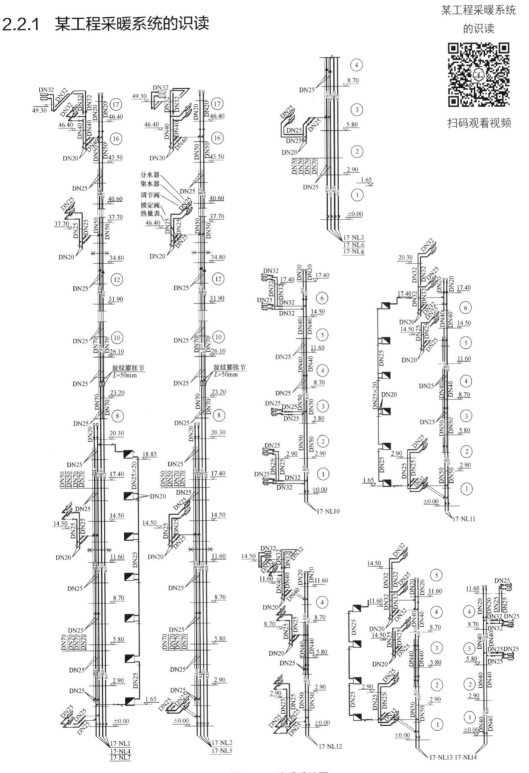

图 2-38　采暖系统图

（1）某工程的采暖系统图如图 2-38 所示。采暖系统图，又叫作采暖系统轴测图，主要表达采暖系统中的管道、设备的连接关系、规格、数量。

（2）采暖系统图的内容往往包括：采暖系统中的所有管道、管道附件、设备。管道规格、水平管道标高，坡向与坡度一般会标明。散热设备的规格、数量、标高，散热设备与管道的连接方式一般会绘出来。系统中的膨胀水箱、集气罐等与系统的连接方式一般会绘出来。如果没有绘制出来，则会用文字说明，或者详见有关设计规范及施工验收规范。

（3）从 17NL-1、17NL-4、17NL-7 等可以看出，本图建筑中对称的单元及户型其给排水系统归为同一类，相关设计图只画了一次。

（4）本采暖系统图中的散热器标注，需要结合各层采暖平面图来识读。

（5）本图管道设计标高均为管中心标高，管径均为管内径。

（6）从 17-NL1、17-NL4、17-NL7 单元图就可以看出，本采暖系统图为下供下回异程式单户循环系统。采暖系统分高区（9～17 层）和低区（1～8 层）。从图中得知 2 组 RH、RG 共 4 根管从标高 ±0.00 以下引入，则说明低区、高区 RH 热水回水管、RG 热水供水管均是从地下室内引入的。低区、高区 RH 热水回水管、RG 热水供水管引入后首先接手动调节阀，然后高区 RH 热水回水管、RG 热水供水管一直到建筑第 9 层才连接过滤器、分集水器。低区 RH 热水回水管、RG 热水供水管接手动调节阀后，在 1～8 层分别各接过滤器、分集水器。

（7）本采暖系统图低区、高区开始引入后的 RH 热水回水管主干管、RG 热水供水管主干管均为 DN70 管，在建筑第 7 层低区 RH 热水回水管主干管、RG 热水供水管主干管变径为 DN50 管。高区 RH 热水回水管主干管、RG 热水供水管主干管在建筑第 13 层变径为 DN50 管。

（8）看图可知，连接分集水器的支管均为 DN25 管，泄水管均为 DN20 管。

（9）看图可知，高区 RH 热水回水管主干管、RG 热水供水主干管采用长度 50mm 的波纹膨胀节，设置在建筑第 9 层。

（10）看图可知，低区、高区 RH 热水回水管主干管、RG 热水供水主干管顶端均变径采用 DN20 管连接排气阀。

（11）看图可知，标高从下到上分别是 ±0.00、2.90m、5.80m、8.70m、11.60m、14.50m、17.40m、20.30m、23.20m、26.10m 等。

（12）其他单元图可以参考该单元图识读。

2.2.2　某工程详图的识读

采暖平面图和系统图中表示不清楚又无法用文字说明的地方，一般用详图来表示。采暖详图，有地热分集水器节点详图、管道井节点详图等，如图 2-39 所示。

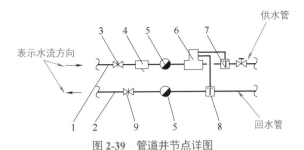

图 2-39　管道井节点详图

1—供水管；2—回水管；3—调节阀；4—过滤器；5—锁定控制阀；6—热量表；7—供水温度传感器；

8—回水温度传感器；9—关断阀

 识读

（1）看图名得知，本详图为管道井节点详图。

（2）看图可知，本详图涉及供水管系统与回水管系统。供水管水流向为从左到右，然后经过调节阀可进行流量控制、压力控制和温度控制，再经过过滤器过滤掉水中的杂质、铁锈、重金属等有害物质，后接锁定控制阀。锁定控制阀，即锁定装置阀门，其可以用于安全控制作业，防止误操作和误触发。锁定控制阀也可以控制流体的流向与压力。供水管接锁定控制阀后接热量表。热量表简称热表，用于计算热通量。然后接供水温度传感器。供水温度传感器，可以实时监测水温的变化情况，通过将检测到的温度信号转化为电信号输出，便于后续处理和控制。供水温度传感器，对于保障供水质量和防止污染具有重要的作用。

（3）看图可知，回水管管路，主要连接的装置有回水温度传感器、锁定控制阀、关断阀，也就是说回水管上依次有序安装了这些装置，从而达到回水管的节能、保护设备、降低设备的耗能、提高设备的效率、提供供水回路等作用。关断阀，主要起到控制、防止逆流等作用。

地热分集水器节点详图如图 2-40 所示。

地热分集水器节
点详图的识读

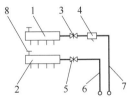

图 2-40　地热分集水器节点详图

扫码观看视频

1—分水器；2—集水器；3—调节阀；4—过滤器；5—关断阀；6—回水管；7—供水管；8—自动放气阀

 识读

（1）看图名可知，本详图为地热分集水器节点详图，也就是集水器与分水器集中装置的节点详图。详图的主要作用是详细表达装置的细部结构做法等细节。

（2）看图可知，本图采用序号图文分开标注，为此，识图时，应图文对照，掌握各符号对应的含义。

（3）看图可知，供水管沿水流方向经水管到过滤器，然后经调节阀，再到分水器，实现管道用水的控制与分配和单接水点转换为多接水点。

（4）看图可知，回水管由集水器设备开始，沿回水方向经支管，然后经关断阀，再到回水管，实现对管道回水的控制与回流。

（5）看图可知，分水器与集水器均设置有自动放气阀。自动放气阀主要是用来释放供热系统和供水管道中产生的废气的一种功能性阀门。自动放气阀常安装在系统的最高点，或者直接跟分水器、暖气片一起配套使用，也就是自动排气阀一般安装在系统容易集中气体的管道部位。自动放气阀可以排除内部空气，使暖气片内充满暖水，保证房间温度。自动排气阀必须垂直安装，即必须保证其内部的浮筒处于垂直的状态，以防影响排气效果。自动排气阀在安装时，最好跟关断阀一起安装，这样当需要拆下排气阀进行检修时，可以保证系统的密闭，使水不致于外流。

某工程一层采暖
平面图的识读

扫码观看视频

2.2.3　某工程各层采暖平面图的识读

各层采暖平面图用于表示建筑各层采暖设备的分布和安装位置平面图。部分各（单）层采暖平面图如图 2-41 所示。

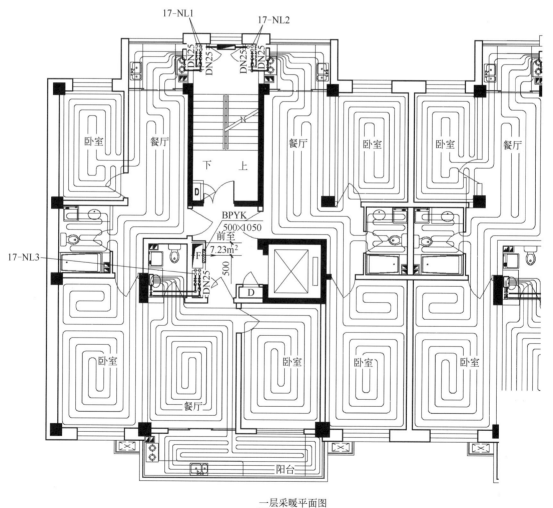

一层采暖平面图

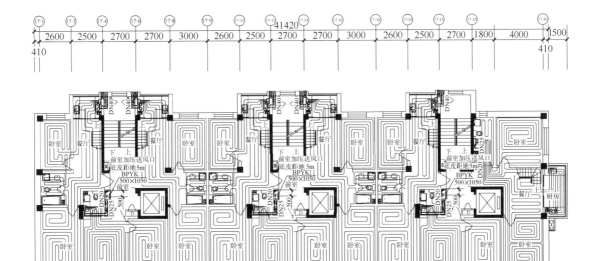

十七层采暖平面图

图 2-41 部分各(单)层采暖平面图

 识读

（1）图中编号 17-NL1 中的 N 表示采暖管道。L 表示管道立管。17 表示该建筑的代称（其是共 17 层建筑 17 号栋建筑），1 代表编号。

（2）采暖管道一般用 R 表示，并且实线一般表示供水管，虚线一般表示回水管。

（3）看图可知，该各层采暖平面图主要是地暖管道在各建筑空间的布置情况。其他相关的信息不多，为此，需要看有关说明与图纸。例如，看有关说明得知：

① 采暖管道井内的高低区采暖管道分别与地下室内的采暖高低区系统相连接；

② 本建筑住宅部分采用地面辐射采暖形式，车库和楼梯间采用翅片管对流散热器。

（4）看图与说明可知，采暖管道住宅部分采用复合塑料管（绿色 PP-R），在居室内沿墙暗设。管道井、地沟内的采暖管道采用焊接钢管。阀门采用铜质闸阀，≤ DN32 为丝接。> DN40 为焊接。（图中所附的说明文字不再展示列出）

（5）看图与说明可知，采暖系统各环路立管并联。底部的阀门为调节阀。管道井内热水采暖系统由干管接出的分支管所设的阀门为手动调节阀门。

（6）看图与说明可知，管道井内采暖分支管道在入户前须设置调节阀、过滤器、锁定阀、热量表等。

（7）看图可知，地下室内的低区采暖管道引入到第一层采暖管道井内，热水通过采暖管道井的供水管引入，再通过过滤器、锁定控制阀、热量表等实现采暖热水的供给。另外，采暖管道井还安装了回水管路及其附件，以实现回水通道的畅通与控制。具体可以参考管道井节点详图。采暖管进采暖管道井后，再采用 DN25 管引到地热分集水器上。地热分集水器的具体连接特点需要参考其节点详图。然后由地热分集水器实现室内采暖回路的分配与控制。

看图可知，17-NL1采暖立管在第1层室内分集水器采用3路，其中卧室一回路、餐厅＋卫生间一回路、另外一间卧室一回路，如图2-42所示。17-NL3采暖立管在第1层室内分集水器上供餐厅等空间采暖用。

（8）其他楼层的识图基本相似，不再赘述。

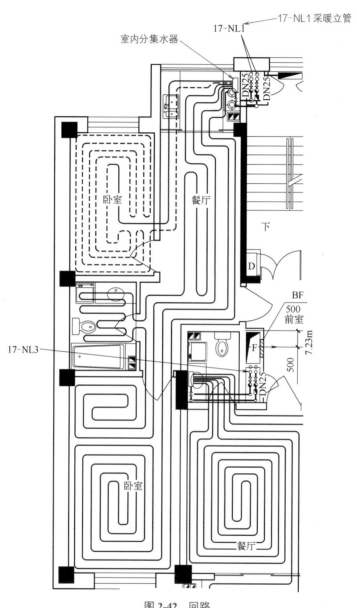

图 2-42　回路

Chapter 3

第 **3** 章

空调工程识图

3.1 识图基础与单元图识读

3.1.1 带加湿器的空气处理机原理图的识图

带加湿器的空气处理机原理图上各装置、仪表、阀门、附件可看图例识读，如图 3-1 所示。

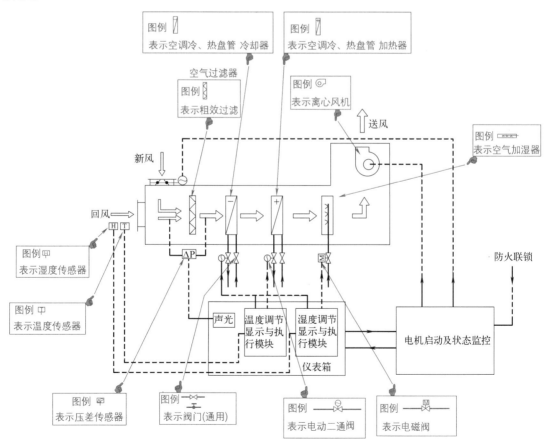

图 3-1 带加湿器空气处理机原理图上各装置的图例

（1）识读该带加湿器的空气处理机原理图，主要应掌握控制功能、控制原理、控制对象等，如图3-2所示。

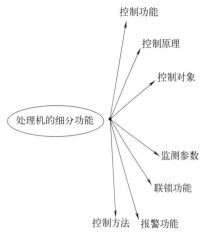

图3-2　需要掌握处理机的细分功能

（2）控制功能，可以参考空气处理机的处理功能、仪表箱模块文字等。从图3-1中可以读出该图控制功能包括房间温度控制功能、房间湿度控制功能；空气处理机有冷却功能、加热功能、加湿功能等。

（3）控制原理：空气处理机的控制就是根据房间温度湿度的变化，实现空调的冷却、加热、湿度的相应功能的启闭。具体为：通过感知房间内温度湿度的变化，比例调节冷水、热水管上的电动二通阀和双位调节加湿器上的电磁阀，从而调节空调的送风情况，进而控制房间温度湿度趋于稳定。

（4）控制对象：控制对象主要是风机与阀门。

（5）监测参数主要是送风机的温度、湿度参数，房间的温度、湿度参数。

（6）联锁功能，在图3-1中主要是防火阀与风机联锁、电动二通阀以及加湿器的电源与风机联锁。

（7）报警功能，在图3-1中主要是粗效过滤器两侧压差超过设置数值时自动启动报警。

（8）控制方法，在图3-1中主要分为温度控制方法、湿度控制方法，如图3-3所示。

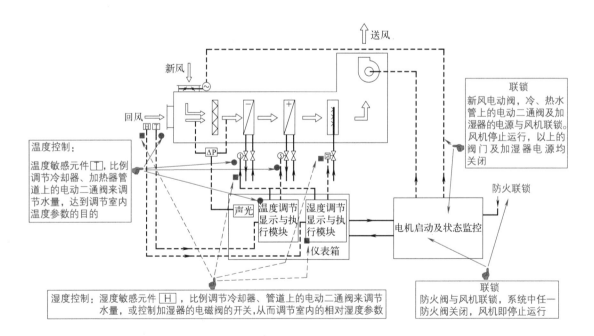

图3-3　控制方法的识读

3.1.2 双报警空气处理机原理图的识图

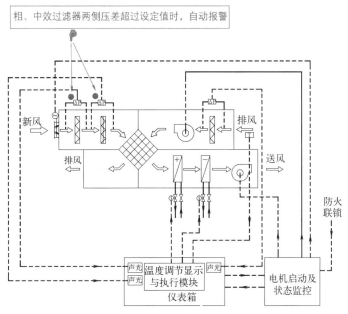

图 3-4 双报警空气处理机原理图

（1）双报警空气处理机原理图如图 3-4 所示。该双报警空气处理机的控制功能、控制对象、监测参数、联锁功能识读的基本要点与带加湿器空气处理机原理图的识读基本相同。

（2）该双报警空调机处理机原理图，主要突出双报警，根据图 3-4 可看出，粗效过滤器两侧压差超过设置数值，系统会自动启动报警。此外，中效过滤器两侧压差超过设置数值时，也会自动启动报警。

3.1.3 空气处理机组段的识图

空气处理机组段识读的主要依据是图例，举例如图 3-5 所示。

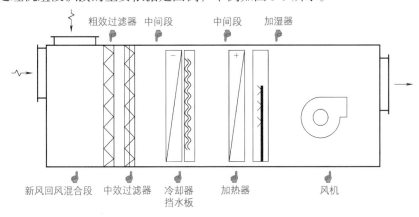

图 3-5 空气处理机组段的识读示例

空气处理机组段常见的图例如图3-6所示。

图 3-6 空调处理机组段常见图例表示

3.1.4 防烟、防火阀的功能

防烟、防火阀的具体功能可以看图纸中有关的材料表、说明等来掌握。一些常见的功能可以参考表 3-1。

表3-1　防烟、防火阀的常见功能

符号	说明
防烟、防火阀（符号图示）	防烟、防火阀
***　***　防烟、防火阀功能代号	

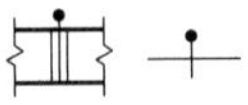

阀体中文名称	阀体代号＼功能	1 防烟防火	2 风阀	3 风量调节	4 阀体手动	5 远程手动	6[1] 常闭	7[2] 电动控制一次动作	8[2] 电动控制反复动作	9 70℃自动关闭	10 280℃自动关闭	11[3] 阀体动作反馈信号
70℃防烟防火阀	FD[4]	√	√		√					√		
	FVD[4]	√	√	√	√					√		
	FDS[4]	√	√							√		√
	FDVS[4]	√	√	√	√					√		√
	MED	√	√	√	√			√		√		√
	MEC	√	√				√	√		√		√
	MEE	√	√		√				√	√		√
	BED	√	√		√	√		√		√		√
	BEC	√	√			√	√			√		√
	BEE	√	√	√	√	√			√	√		√
280℃防烟防火阀	FDH	√	√		√						√	
	FVDH	√	√	√	√						√	
	FDSH	√	√		√						√	√
	FVSH	√	√		√						√	
	MECH	√	√				√	√			√	√
	MEEH	√	√	√	√				√		√	√
	BECH	√	√			√	√				√	√
	BEEH	√	√	√	√	√			√		√	√
板式排烟口	PS	√			√	√	√	√			√	√
多叶排烟口	GS	√			√	√	√	√			√	√
多叶送风口	GP	√			√	√	√	√		√		√
防火风口	GF	√			√					√		

① 除表中注明外，其余的均为常开型，且所用的阀体在动作后均可手动复位。
② 消防电源（24V DC），由消防中心控制。
③ 阀体需要符合信号反馈要求的接点。
④ 若仅用于厨房烧煮区平时排风系统，其动作装置的工作温度应由 70℃改为 150℃。

3.2.1 某空调机房的设备布置

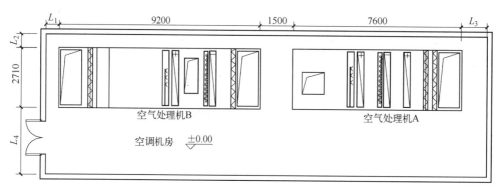

设备布置图

图 3-7 某空调机房的设备布置

 识读

（1）某空调机房的设备布置如图 3-7 所示。空调机房设备布置图的识读，如图 3-8 所示。

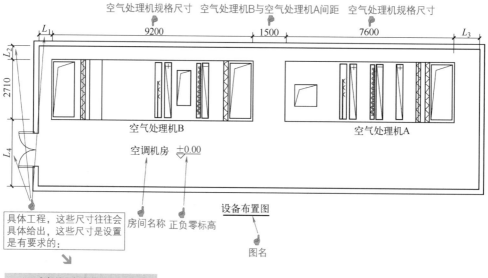

图 3-8 空调机房设备布置图的识读

（2）看图可知，该空调机房放置 2 台空气处理机，即空气处理机 A、空气处理机 B。

（3）看图可知，空气处理机 A、空气处理机 B 结构不同。

（4）看图可知，空气处理机 A 的规格尺寸为 9200mm×2710mm。空气处理机 B 的规格尺寸为 7600mm×2710mm。

（5）看图可知，空气处理机 B 靠近门处布置。空气处理机 A 远离门处布置。空气处理机 A 和 B 并排布置。

（6）空气处理机 B 与空气处理机 A 间距为 1500mm。

（7）空气处理机 B 距墙尺寸看图中 L_1、L_2、L_4。空气处理机 A 距墙尺寸看图中 L_3、L_4。

3.2.2 空调机房设备水管平面图的识读

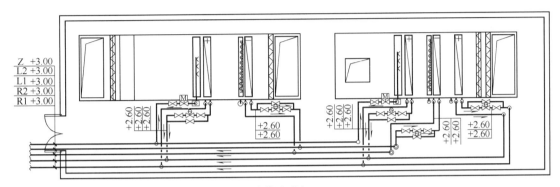

水管平面图

图 3-9 空调机房设备水管平面图

 识读

（1）空调机房设备水管平面图如图 3-9 所示。空调机房设备水管平面图的识读，如图 3-10 所示。

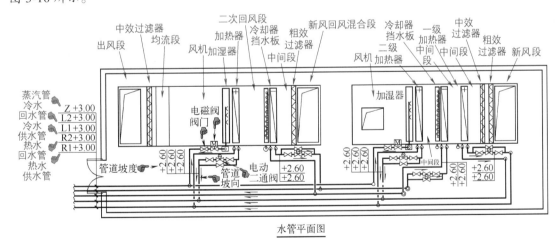

水管平面图

图 3-10 空调机房设备水管平面图的识读

（2）看图可知，该水管平面图包括了蒸汽管 Z、冷水回水管 L2、冷水供水管 L1、热水回水管 R2、热水供水管 R1 等。

（3）看图可知，该水管平面图还包括了阀门、电动二通阀、电磁阀等。

3.2.3 空调机房设备风管平面图的识读

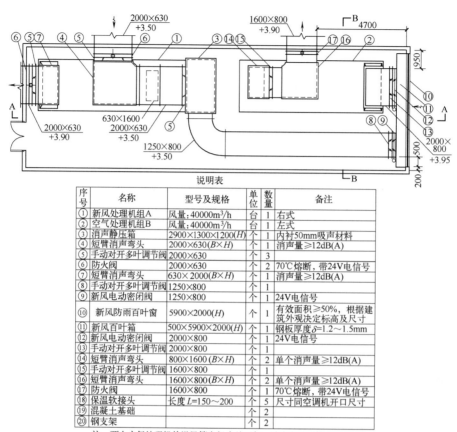

说明表

序号	名称	型号及规格	单位	数量	备注
①	新风处理机组A	风量：40000m³/h	台	1	右式
②	空气处理机组B	风量：40000m³/h	台	1	左式
③	消声静压箱	2900×1300×1200(H)	个	1	内衬50mm吸声材料
④	短臂消声弯头	2000×630(B×H)	个	1	消声量≥12dB(A)
⑤	手动对开多叶调节阀	2000×630	个	3	
⑥	防火阀	2000×630	个	2	70℃熔断，带24V电信号
⑦	短臂消声弯头	630×2000(B×H)	个	1	消声量≥12dB(A)
⑧	手动对开多叶调节阀	1250×800	个	1	
⑨	新风电动密闭阀	1250×800	个	1	24V电信号
⑩	新风防雨百叶窗	5900×2000(H)	个	1	有效面积≥50%，根据建筑外观决定标高及尺寸
⑪	新风百叶箱	500×5900×2000(H)	个	1	钢板厚度δ=1.2～1.5mm
⑫	新风电动密闭阀	2000×800	个	1	24V电信号
⑬	手动对开多叶调节阀	2000×800	个	1	
⑭	短臂消声弯头	800×1600(B×H)	个	2	单个消声量≥12dB(A)
⑮	手动对开多叶调节阀	1600×800	个	1	
⑯	短臂消声弯头	1600×800(B×H)	个	2	单个消声量≥12dB(A)
⑰	防火阀	1600×800	个	1	70℃熔断，带24V电信号
⑱	保温软接头	长度L=150～200	个	5	尺寸同空调机开口尺寸
⑲	混凝土基础		个	2	
⑳	钢支架		个	2	

注：两台空气处理机的送风管在机房外再加一消声弯头或管式消声器。

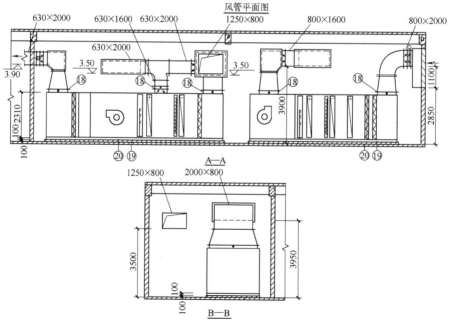

图3-11　空调机房设备风管平面图

（1）空调机房设备风管平面图如图 3-11 所示。空调机房设备风管平面图的识读如图 3-12 所示。

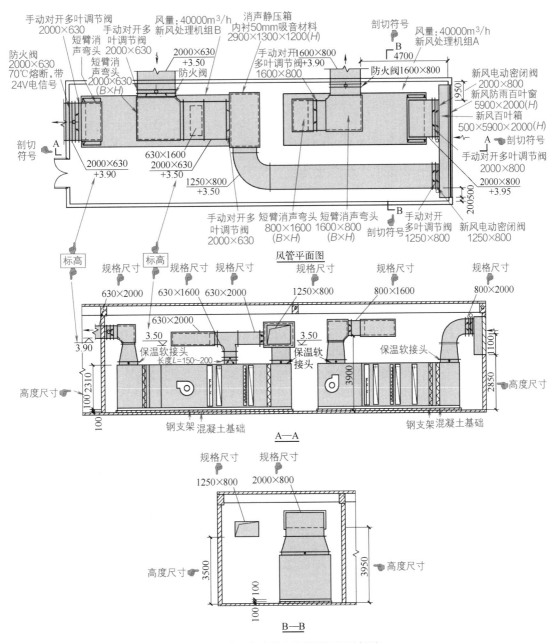

图 3-12　空调机房设备风管平面图的识读

（2）看图可知空调机房设备风管的连接情况。为了便于理解，图 3-12 已将有关设备以图注标明。

（3）看图可知，空气处理机 B 的风管的连接情况如下。出（送）风风管：出（送）

风风管穿墙壁洞，风管墙内安装防火阀，然后安装手动对开多叶调节阀，它们的规格均为 2000mm×630mm，接着安装消声弯头、低温软接头等后，再直接安装在空气处理机出风口上。新风风管的连接情况，即新风风管穿墙洞后接防火阀，然后安装规格为2000mm×630mm 的手动对开多叶调节阀，然后是连接规格为 2000mm×630mm 的短臂消声弯头，之后接三通风管。三通风管一路接规格为 1600mm×630mm 的方风管、保温软接头、调节阀，与空气处理机 B 的二次回风段接口相连。三通风管另一路接 2000mm×630mm 方风管与 2000mm×630mm 调节阀、消声静压箱。消声静压箱又分两路，其中一路向下接保温软接，头与空气处理机 B 的新风回风混合段相连；另外一路接规格为 1250mm×800mm 的弯头、直方风管、规格为 1250mm×800mm 的手动对开多叶调节阀、规格为 1250mm×800mm 的新风电动密闭阀。

（4）看图可知，空气处理机 A 的风管的连接情况如下。出（送）风风管：空气处理机 A 送风接口外接保温软接头、规格为 1600mm×800mm 的短臂消声弯头、规格为 1600mm×800mm 的手动对开多叶调节阀、规格为 1600mm×800mm 的短臂消声弯头、规格为 1600mm×800mm 的防火阀，然后出（送）风到墙外。新风风管：新风经规格为 5900mm×2000mm 的新风防雨百叶窗、规格为 5900mm×2000mm×500mm 的新风百叶箱、规格为 2000mm×800mm 的新风电动密闭阀、规格为 2000mm×800mm 的手动对开多叶调节阀、规格为 2000mm×800mm 的风管弯头、保温软接头等与空气处理机 A 的新风接口相连。

（5）看图可以知道有关风管各连接段与附件设备的安装尺寸。例如，空气处理机 A 新风风管与墙接口的位置尺寸，应与平面图、A—A 剖面图、B—B 剖面图综合看，得出距离里面墙为 950mm、与右墙接口距离地面高度为 2850mm+1100mm。

（6）看图可知有关风管各连接段与附件设备的标高。例如，空气处理机 B 出（送）风风管标高为 3.90m、空气处理机 B 新风风管标高为 3.50m。空气处理机 A 出（送）风风管标高为 3.90m、空气处理机 A 新风风管标高为 3.95m 等。

3.2.4 空调原理图的识读

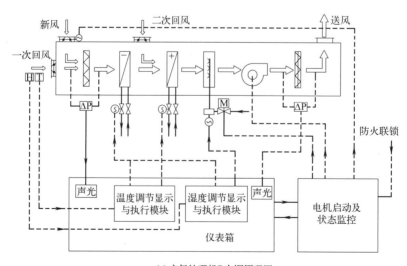

(a) 空气处理机B空调原理图

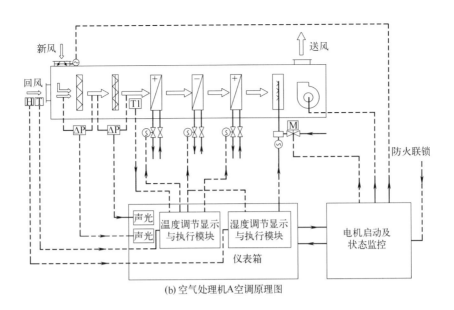

图 3-13　空调原理图

识读

空调原理图如图 3-13 所示。空调原理图的识读如图 3-14 所示。为了便于理解图纸与识读，对原图进行了标注。

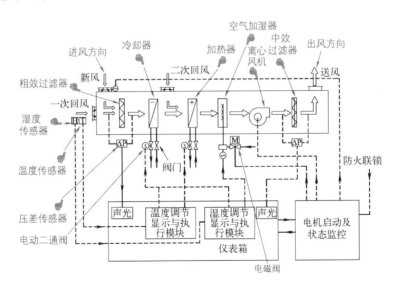

图 3-14　空调原理图的识读

（1）看图可知，温度控制的原理为：

$$由温度敏感元件 \boxed{T} \xrightarrow{\substack{比例调节}} 冷却器及加热器管道上的电动二通阀 \rightarrow 调节水量 \rightarrow 控制室内温度$$

（2）看图可知，湿度控制的原理为：

室内湿度敏感元件 H $\xrightarrow{\text{比例调节}}$ 冷却器管道上的电动二通阀 ➡ 调节水量 ➡ 控制室内湿度

　　或 ➡ 控制加湿器的电动调节阀 ➡ 室内相对湿度控制

（3）看图可知，回风风量控制的原理为：

在一、二次回风管道上的手动对开多叶调节阀 $\xrightarrow{\text{改变}}$ 空气处理机一、二次回风风量分配

（4）看图可知，联锁功能为：

防火阀与风机联锁：系统中任一防火阀关闭 ➡ 风机即停止运行

新风电动阀，冷、热水管上的电动二通阀及蒸汽管道上的电磁阀与风机联锁：

风机机停止运行 ➡ 新风电动阀，冷、热水管上的电动二通阀及蒸汽管道上的电磁阀均关闭

（5）看图可知，报警功能为：

粗、中效过滤器两侧压差超过设定值时 ➡ 自动报警

（6）看图可知，温度控制的原理为：

当温度敏感元件 T1 =5℃时 ➡ 打开一级加热器管道上的电动二通阀

温度敏感元件 T $\xrightarrow{\text{比例调节}}$ 冷却器及二级加热器管道上的电动二通阀 ➡ 调节水量 ➡ 控制室内温度

（7）看图可知，湿度控制的原理为：

室内湿度敏感元件 H $\xrightarrow{\text{比例调节}}$ 冷却器管道上的电动二通阀 ➡ 调节水量 ➡ 控制室内湿度

　　或 ➡ 控制加湿器的电动调节阀 ➡ 室内相对湿度控制

3.3 　某建筑空调工程套图的识读

3.3.1 　某项目目录的识读

序号	图纸名称	图号	重复使用图纸号	实际张数	折合A1标准张	备注
				工号		图号 目-1
				分号		页号 1
1	目录	目-01		1	0.125	
2	空调末端主要设备及材料表	空材-01		4	0.125	
3	设计说明	空说-01		1	0.5	
4	地下室空调风系统图	空变-01		1	0.5	
5	地下室空调水系统图	空变-02		1	0.5	
6	一层空调风系统图	空变-03		1	1	
7	一层空调水系统图	空变-04		1	1	
8	二层空调风系统图	空变-05		1	0.5	
9	二层空调水系统图	空变-06		1	0.5	
10	三层空调风系统图	空变-07		1	0.5	
11	三层空调水系统图	空变-08		1	0.5	
12	四层空调风系统图	空变-09		1	0.5	
13	四层空调水系统图	空变-10		1	0.5	
14	五~十二层空调风系统图	空变-11		1	0.5	
15	五~十一层空调水系统图	空变-12		1	0.5	
16	十二层空调水系统图	空变-13		1	0.5	
17	十三层空调风系统图	空变-14		1	0.5	
18	十三层空调水系统图	空变-15		1	0.5	
19	空调系统图	空变-16		1	1	
制表		校正		审核		日期

图 3-15　某中央空调图目录

（1）某中央空调图目录如图3-15所示。看图可知，该中央空调图提供了空调末端主要设备及材料表、设计说明、空调风平面图、空调水平面图、空调系统图等。

（2）看图可知，该项目有地下室，涉及空调风平面图与空调水平面图，地面还有13层涉及空调风平面图与空调水平面图。

（3）为了更好地了解工程的概况与特点，除了看目录，还需要结合设计说明等来掌握项目的特点。例如，设计说明中的工程概述就介绍了本设计建筑高度为47.4m，本建筑物地下一层、地上13层，地下一层为车库、设备用房；一层为餐饮等；二层为休息室等；三层为餐厅及雅间等；四层以上为标准客房。另外，还介绍了设计图范围，包括：本楼的空调、通风、消防防排烟设计。设计说明中还包括设计依据、设计参数、系统形式、施工说明、材料选择、保温做法、刷漆防腐做法、水压试验、未尽事宜等（鉴于设计说明基本上都是文字，具体看图时识读文字即可。为此，考虑版面有限，本书已省略不具体列出了）。

（4）看图可知，图号采用了缩写形式，看其他具体图时，需要知道其对应的全称。

3.3.2 某项目空调系统图的识读

（1）某项目空调系统图如图3-16所示。空调安装施工图包括平面图、系统图、剖面图、详图等。

（2）看图可知，该空调系统图其实是中央空调管道系统图。空调管道系统图，主要表明整个空调系统所有管路、设备的布置情况，连接关系，设备与管路的安装高度等要素。

（3）根据设计说明中的文字，系统形式为："本楼采用卧式暗装风机盘管加新风的集中送风空调方式。"（限于篇幅，图中没有展示出）

（4）看图可知，空调供回水系统采用二管制。空调二管制是指采用两根管道来传输制冷或制热介质，其中一根管路用于供水，另一根则用于回水。空调二管制常使用于温度调控范围不需要过大的场合。

（5）看图可知，空调系统图管道主要涉及供水管、回水管、冷凝水管，并且所有风机盘管供水管、回水管、冷凝管径均为DN20。

（6）看图可知，该空调系统图提供了一层空调水系统图、二层空调水系统图、三层空调水系统图、四～十二层空调水系统图、十三层空调水系统图等。施工时，需要掌握各层管道布置的特点与关系。

（7）标高往往是以"m"计，其他尺寸往往以"mm"为单位，但是具体图有其规定，为此，若图上没有标注，需要看其他图或者说明。本套图文字说明有："图中标高是以米计，以首层地面为基准。管道标高，是指管中心相对高度。其他尺寸是以毫米为单位。风口尺寸是指风道内壁净尺寸。"（限于篇幅，图中没有展示）

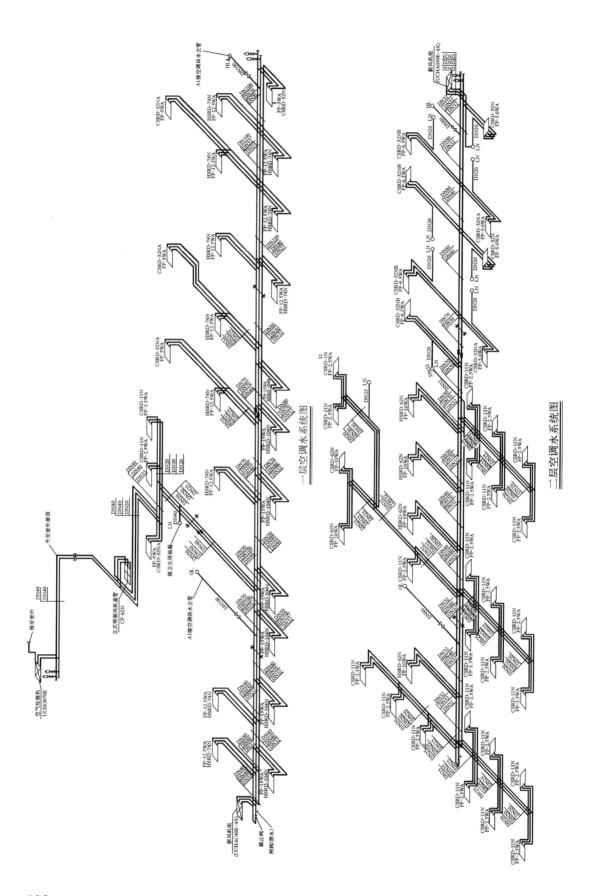

一层空调水系统图

二层空调水系统图

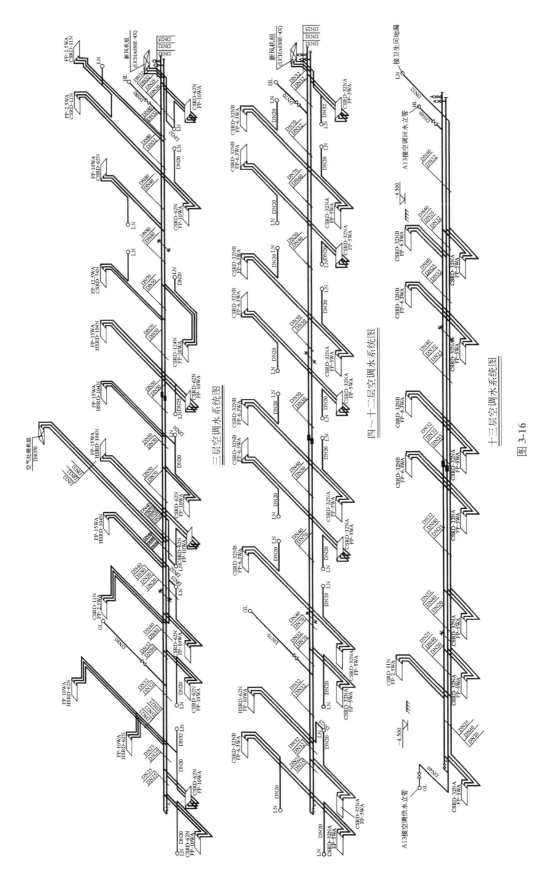

三层空调水系统图

四~十二层空调水系统图

十三层空调水系统图

图 3-16

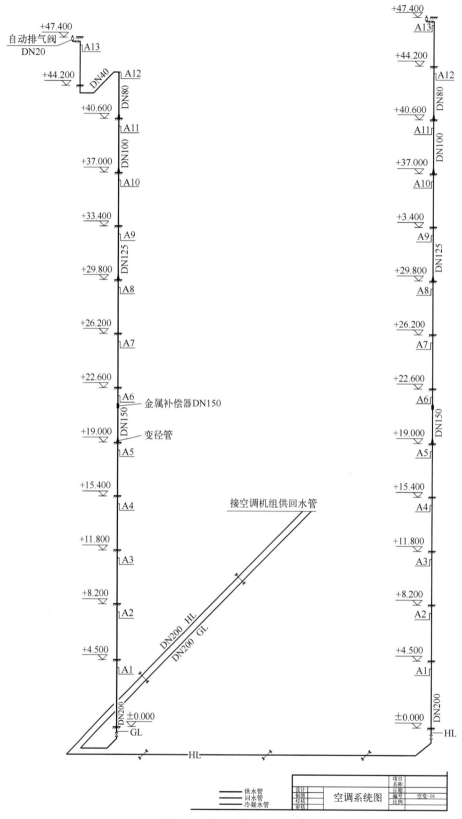

图 3-16　某项目空调系统图

3.3.3 某项目空调风平面图的识读

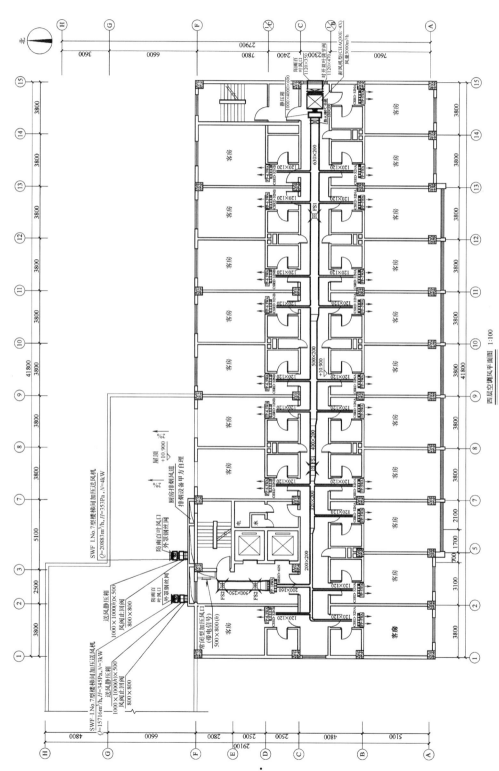

四层空调风平面图 1:100

图 3-17 某项目空调风平面图

（1）某项目空调风平面图如图3-17所示。空调风平面图，主要表明风机、通风管道、水管管道、风口、阀门等设备和部件在平面上的布置情况、主要尺寸、它们与建筑物墙面/柱子的关系等。另外，还用符号标出进出风口的气流流动方向，空调供回水和冷凝水的流向等。

（2）看图名可知，该图为该建筑第四层空调风平面图，即第四层楼空调风管平面图。

（3）看图可知，该层空调风管布置在客房间的走廊上，具体施工要求本图没有表达，则看说明，发现有要求（限于篇幅，图中没有展示出来）："所有送风口材质、尺寸、位置、数量仅供参考。凡有管道阀门、风机盘管处的吊顶需要留检查孔。空调系统回风口设于公共部分的吊顶上，在保证回风口不小于送风口面积的前提下，由装修人员来确定。所有管道穿墙穿楼板，需要设套管，并且注意做好套管内的保温。"

（4）看图可知，每间客房的风机盘管机与风管连接。空调风管布置形式上，明显左边的风管比右边风管窄一些，这是因为新风机组布置在右边。

（5）看图可知，进风经防雨百叶风口后经对开双叶调节阀、风道帆布接头、新风机组。新风机组出风口再接风道帆布接头、静压箱。空调静压箱在送风系统可以减少动压，增加静压、稳定气流、均匀分配风量、提高空气质量等。静压箱后接630mm×200mm的70℃防火阀、630mm×200mm规格的风道、500mm×200mm规格的风道、400mm×200mm规格的风道、320mm×200mm规格的风道、200mm×200mm规格的风道等。引入客房的风管规格均为120mm×120mm。

（6）看图可知，风道中还应用了散流器风口，规格有320mm×320mm（喉径）、250mm×250mm（喉径）、200mm×200mm（喉径）等。散流器是空调或通风的常用送风口形式之一，其可以使出风口出风方向分成多向流动，以便送风气流分布均匀。散流器的选用需要考虑其类型、材质、规格、出口风速、全压损失、气流流型等参数。

（7）风道转弯处弯曲半径一般要求不小于风道宽度。风道的三通及四通，可以做成三通和四通调节阀。

（8）手柄式风道阀的手柄方向应与内部阀片方向一致。所有阀门的操作装置均需要设开关指示牌，操作装置需要露出保温层。

某项目空调水平面图的识读

扫码观看视频

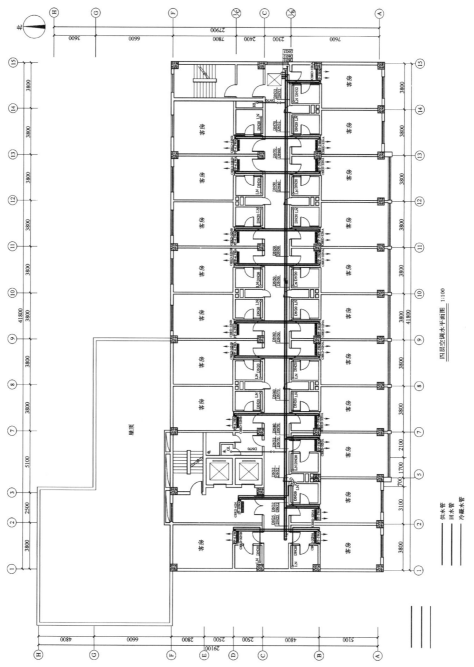

四层空调水平面图 1:100

图 3-18 某项目空调水平面图的识读

供水管
回水管
冷凝水管

（1）某项目空调水平面图的识读，如图 3-18 所示。看图可知，该建筑第四层为两边为客房，中间为走廊的结构形式。看图尺寸可知，中间走廊宽度为 2300mm、长度 41800mm。南边客房为 11 间，尺寸可以看图得到。北边客房为 8 间，并且还设置了电梯与楼梯。

（2）看图可知，该空调系统采用了风机盘管 CSRD-32NA、风机盘管 CSRD-32NB。风机盘管供、回、凝结水管管径均采用 DN20。风机盘管的安装形式、供回水管坡度要求、凝结水管坡度要求等均在设计说明中介绍了。

（3）例如四层空调水平面图系统图与四层空调水平面图结合看，更能够理解图要表达的意思。水管常见的标注含义：供水管线的 GR 表示热水供水，HR 表示热水回水，GL 表示冷水供水，HL 代表冷水回水，冷水管和热水管分别用字母 SL 和 SR 表示。如果图中有说明，则以图中说明为依据。

（4）看图可知，该层空调系统供水管、回水管的管径是不同的，需要根据图中标注来施工，如图 3-19 所示。

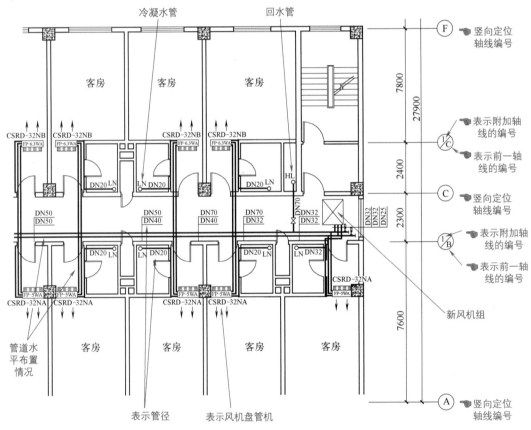

图 3-19　图解四层空调水平面图

（5）管路往往有坡度要求，如果图中没有标注，则需要看文字说明是否有要求。例如，该套图文字说明提到了"所有风机盘管均采用卧式暗装于吊顶内，供回水管坡度为 0.003，凝结水管为 0.006 等"要求。限于篇幅，图中没有展示。

（6）其他层的空调水平面图，可以参考该层的空调水平面图识图方法，不再赘述。

第 **4** 章

电气工程识图

4.1 识图基础与单元图识读

4.1.1 低压配电方式

低压配电系统一般是指从变电所低压侧到用电设备的电气线路。建筑中，室内配电系统属于低压配电系统。

低压配电系统由配电装置、配电线路等组成。低压配电方式是指低压干线的配电方式，如图 4-1 所示。

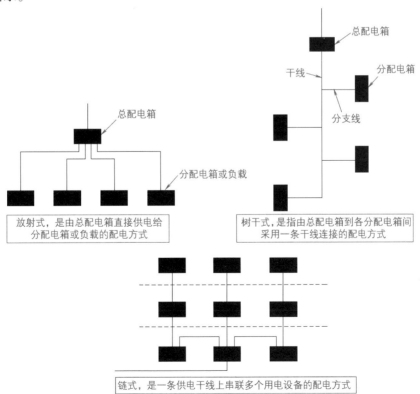

放射式，是由总配电箱直接供电给分配电箱或负载的配电方式

树干式，是指由总配电箱到各分配电箱间采用一条干线连接的配电方式

链式，是一条供电干线上串联多个用电设备的配电方式

图 4-1 低压配电方式

（1）看图可知，低压配电方式有放射式、树干式、链式三种形式。实际工程中，照明配电系统往往不单独采用某一种形式的低压配电方式，多数采用综合形式。例如有的民用住宅采用的配电形式为放射式与链式的结合。总配电箱向每个楼梯间配电为放射式，楼梯间内不同楼层间的配电箱为链式配电等。

（2）看图可知，放射式低压配电方式，就是一个总配电箱与多个分配箱放射连接。树干式低压配电方式，就是有一根干线，然后多个分配箱分支在这根干线上。

4.1.2 低压配电系统的供电方案与分层分级

低压配电系统的供电方案，包括单电源供电方案、双电源供电方案，如图4-2所示。低压，往往是指配电电压为1kV及以下的电压等级，最常用的是380V/220V配电系统。

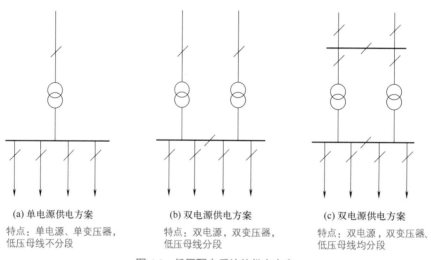

(a) 单电源供电方案
特点：单电源、单变压器，
低压母线不分段

(b) 双电源供电方案
特点：双电源，双变压器，
低压母线分段

(c) 双电源供电方案
特点：双电源，双变压器、
低压母线均分段

图4-2 低压配电系统的供电方案

为了节约配电设备、线路，常将低压配电系统集合成容量较大的一级系统，一级系统又分为二级系统，二级系统又可以分为三级系统，如图4-3所示。

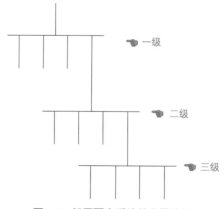

一级

二级

三级

图4-3 低压配电系统的分层分级

4.1.3 10kV 系统接线图的识读

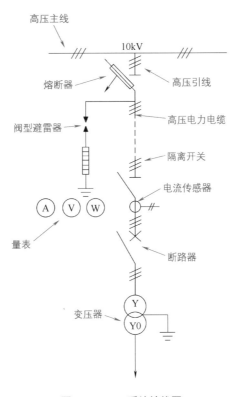

图 4-4   10kV 系统接线图

 识读

（1）10kV 系统接线图的识读如图 4-4 所示。看图可知，10kV 系统具有高压主线、高压引线、熔断器、高压电力电缆、阀型避雷器、隔离开关、电流传感器、断路器、变压器、量表等设备。

（2）阀型避雷器的作用：当线路正常运行时，避雷器的火花间隙将线路与地隔开，当线路出现危险的过电压时，火花间隙即被击穿，雷电流通过阀片电阻泄入大地，从而起到保护电气设备的作用。

（3）熔断器用于 10kV 配电线路和电气设备（如所用变压器、电容器等）的过载及短路保护。

4.1.4 电气导线根数的表示

电气导线根数，就是电气线路中导线的数量。电气导线根数的表示法如图 4-5 所示。

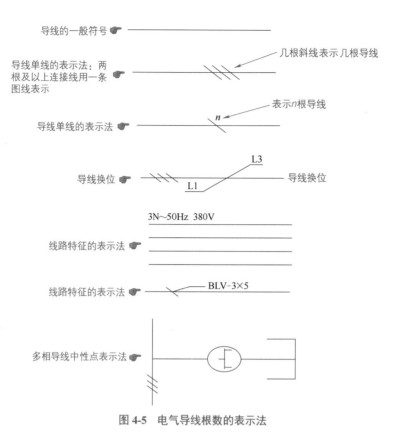

图 4-5　电气导线根数的表示法

4.1.5　电线电缆型号与表示

4.1.5.1　电工圆铜线

① TR 代表软圆铜线，标称直径规格范围为 0.02 ～ 14mm。
② TY 代表硬圆铜线，标称直径规格范围为 0.02 ～ 14mm。
③ TYT 代表特硬圆铜线，标称直径规格范围为 1.5 ～ 5mm。

4.1.5.2　电工圆铝线型号

电工圆铝线型号见表 4-1。

表4-1　电工圆铝线型号

型号	状态代号	标称直径范围 /mm	名称
LR	0	0.30 ～ 10.00	软圆铝线
LY4	H4	0.30 ～ 6.00	H4 状态硬圆铝线
LY6	H6	0.30 ～ 10.00	H6 状态硬圆铝线
LY8	H8	0.30 ～ 5.00	H8 状态硬圆铝线
LY9	H9	1.25 ～ 5.00	H9 状态硬圆铝线

4.1.5.3　额定电压 450V/750V 及以下阻燃橡皮绝缘电缆

额定电压 450V/750V 及以下阻燃橡皮绝缘电缆型号见表4-2。阻燃标记为 Z，阻燃级别分为 A、B、C 和 D 四个等级。额定电压 450V/750V 及以下阻燃橡皮绝缘电缆燃烧特性代号见表4-3。

表4-2　额定电压 450V/750V 及以下阻燃橡皮绝缘电缆型号

型号	名称	电压等级 /V
YQ、YQW	轻型橡套软电缆	300/300
YZ、YZW	中型橡套软电缆	300/500
YZB、YZWB	中型橡套扁型软电缆	300/500
YC、YCW	重型橡套软电缆	450/750

表4-3　额定电压 450V/750V 及以下阻燃橡皮绝缘电缆燃烧特性代号

系列名称		代号	名称
阻燃系列	有卤	ZA	有卤阻燃 A 类
		ZB	有卤阻燃 B 类
		ZC	有卤阻燃 C 类
		ZD	有卤阻燃 D 类
	无卤低烟	WDZA	无卤低烟阻燃 A 类
		WDZB	无卤低烟阻燃 B 类
		WDZC	无卤低烟阻燃 C 类
		WDZD	无卤低烟阻燃 D 类

 识读

① ZA-YZ-300/500V3×1.5：表示额定电压为 300V/500V 的中型橡套软电缆，有卤阻燃级别 A 类，3 芯，标称截面积为 $1.5mm^2$。

② WDZA-YCW-450/750V 3×1.5：表示额定电压为 450V/750V 的重型橡套软电缆，无卤低烟阻燃级别 A 类，3 芯，标称截面积为 $1.5mm^2$。

4.1.5.4　额定电压 450V/750V 及以下聚氯乙烯绝缘电缆电线和软线

额定电压 450V/750V 及以下聚氯乙烯绝缘电缆电线和软线的代码见表4-4。

表4-4　额定电压450V/750V及以下聚氯乙烯绝缘电缆电线和软线的代码

项目		代码
用途（并表示系列）	固定布线用电缆（电线）	B
	连接用软电线和软电缆	R
	安装用电线	A
	电梯用电缆	T

项目		代码
材料特征	铜导体	省略
	铝导体	L
	绝缘聚氯乙烯	V
	护套聚氯乙烯	V
结构特征	圆型	省略
	扁型（平型）	B
	双绞型	S
	（编织）屏蔽型	P
	缠绕屏蔽型	P1
	软结构	R
耐热特性	70℃	省略
	90℃	90

注：产品表示方法：1.产品用型号、规格和标准编号表示。电缆的颜色，如需要时，应在规格后标明。2.规格包括额定电压、芯数和导体标称截面积等。

 识读

（1）BVVB 300/500 2×4：铜芯、聚氯乙烯绝缘聚氯乙烯护套扁形电缆，固定布线用、额定电压 300V/500V、2 芯、4mm²。

（2）AVVR 300/300 9×0.4+1×0.4：铜芯聚氯乙烯绝缘聚氯乙烯护套安装用软电缆，额定电压 300V/300V、10 芯、0.4mm²，有黄 / 绿双色地线。

（3）AVVR 300/300 10×0.4：铜芯聚氯乙烯绝缘聚氯乙烯护套安装用软电缆，额定电压 300V/300V、10 芯、0.4mm²，无黄 / 绿双色地线。

（4）RVP-90 300/300 1×0.5 蓝：铜芯聚氯乙烯绝缘屏蔽软电线，额定电压 300V/300V、耐热 90℃、单芯、0.5mm²、蓝色。

4.1.5.5　塑料绝缘控制电缆

塑料绝缘控制电缆，适用于交流额定电压 U_0/U 为 450V/750V 挤包聚氯乙烯和交联聚乙烯绝缘，聚氯乙烯、聚乙烯、无卤聚烯烃护套的控制电缆，也适用于交流额定电压 U_0/U 为 450V/750V 及以下用于控制、监控回路、保护线路等场合固定敷设的控制电缆。U_0/U 的单位为 "V"。U_0 为任一绝缘导体和 "地"（即电缆的金属护层或周围介质）间的电压有效值。U 为多芯电缆系统任何两相导体间的电压有效值。

塑料绝缘控制电缆用型号、规格、标准编号等表示。同一型号、规格的电缆有不同导体结构时分别表示，第 1 种导体用（A）表示（省略），第 2 种导体用（B）表示，在规格后标明。电缆中的绿 / 黄组合色绝缘线芯应与其他线芯分别表示。

塑料绝缘控制电缆的产品代号见表 4-5。

表4-5　塑料绝缘控制电缆的产品代号

项目		代号
系列	控制电缆	K
材料特征	铜导体	省略
	聚氯乙烯绝缘	V
	交联聚乙烯绝缘	YJ
	聚氯乙烯护套	V
	聚乙烯或无卤聚烯烃护套	Y
结构特征	编织屏蔽	P
	铜带屏蔽	P2
	铝／塑复合带（箔）屏蔽	P3
	铜／塑复合带（箔）屏蔽	P4
	软结构	R
	双钢带铠装	2
	钢丝铠装	3
	聚氯乙烯外护套	2
	聚乙烯或无卤聚烯烃外护套	3

说明：铝／塑复合带（箔）可简称为铝／塑复合带。铜／塑复合带（箔）可简称为铜／塑复合带。铜带、铝／塑复合带（箔）、铜／塑复合带（箔）可统称为金属（复合）带。

常用控制电缆的型号和名称见表4-6。

表4-6　常用控制电缆的型号和名称

型号	名称
KVV	聚氯乙烯绝缘聚氯乙烯护套控制电缆
KVVP	聚氯乙烯绝缘聚氯乙烯护套编织屏蔽控制电缆
KVVP2	聚氯乙烯绝缘聚氯乙烯护套铜带屏蔽控制电缆
KVVP3	聚氯乙烯绝缘聚氯乙烯护套铝／塑复合带屏蔽控制电缆
KVVP4	聚氯乙烯绝缘聚氯乙烯护套铜／塑复合带屏蔽控制电缆
KVV22	聚氯乙烯绝缘聚氯乙烯护套钢带铠装控制电缆
KVVP2-22	聚氯乙烯绝缘聚氯乙烯护套铜带屏蔽钢带铠装控制电缆
KVV32	聚氯乙烯绝缘聚氯乙烯护套钢丝铠装控制电缆
KVVR	聚氯乙烯绝缘聚氯乙烯护套控制软电缆
KVVRP	聚氯乙烯绝缘聚氯乙烯护套编织屏蔽控制软电缆
KYJV	交联聚乙烯绝缘聚氯乙烯护套控制电缆
KYJVP	交联聚乙烯绝缘聚氯乙烯护套编织屏蔽控制电缆
KYJVP2	交联聚乙烯绝缘聚氯乙烯护套铜带屏蔽控制电缆
KYJVP3	交联聚乙烯绝缘聚氯乙烯护套铝／塑复合带屏蔽控制电缆
KYJVP4	交联聚乙烯绝缘聚氯乙烯护套铜／塑复合带屏蔽控制电缆
KYJV22	交联聚乙烯绝缘聚氯乙烯护套钢带铠装控制电缆
KYJVP2-22	交联聚乙烯绝缘聚氯乙烯护套铜带屏蔽钢带铠装控制电缆

型号	名称
KYJV32	交联聚乙烯绝缘聚氯乙烯护套钢丝铠装控制电缆
KYJY	交联聚乙烯绝缘聚乙烯护套控制电缆
KYJYP	交联聚乙烯绝缘聚乙烯护套编织屏蔽控制电缆
KYJYP2	交联聚乙烯绝缘聚乙烯护套铜带屏蔽控制电缆
KYJYP3	交联聚乙烯绝缘聚乙烯护套铝/塑复合带屏蔽控制电缆
KYJYP4	交联聚乙烯绝缘聚乙烯护套铜/塑复合带屏蔽控制电缆
KYJY23	交联聚乙烯绝缘聚乙烯护套钢带铠装控制电缆
KYJYP2-23	交联聚乙烯绝缘聚乙烯护套铜带屏蔽钢带铠装控制电缆
KYJY33	交联聚乙烯绝缘聚乙烯护套钢丝铠装控制电缆

注：无卤低烟阻燃电缆和无卤低烟阻燃耐火电缆护套代号 Y 或 3 表示无卤聚烯烃护套。

 识读

电缆示例的识读，如图 4-6 所示。

KVV-450/750　23×1.5+1×1.5　GB/T 9330—2020

铜芯聚氯乙烯绝缘聚氯乙烯护套控制电缆，额定电压450V/750V、24芯、1.5mm^2(第1种导体结构)、有绿/黄组合色绝缘线芯

KVV-450/750　23×1.5(B)+1×1.5(B)　GB/T 9330—2020

铜芯聚氯乙烯绝缘聚氯乙烯护套控制电缆，额定电压450V/750V、24芯、1.5mm^2(第2种导体结构)、有绿/黄组合色绝缘线芯

KYJVP2-450/750　24×1.5　GB/T 9330—2020

铜芯交联聚乙烯绝缘聚氯乙烯护套铜带屏蔽控制电缆，额定电压450V/750V、24芯、1.5mm^2(第1种导体结构)、无绿/黄组合色绝缘线芯

ZB-KVVR-450/750　24×1.5　GB/T 9330—2020

铜芯聚氯乙烯绝缘聚氯乙烯护套阻燃B类控制软电缆，额定电压450V/750V、24芯、1.5mm^2、无绿/黄组合色绝缘线芯

WDZAN-KYJY33-450/750　24×1.5　GB/T 9330—2020

铜芯交联聚乙烯绝缘聚烯烃护套钢丝铠装无卤低烟阻燃A类耐火控制电缆，额定电压450V/750V、24芯、1.5mm^2(第1种导体结构)、无绿/黄组合色绝缘线芯

图 4-6　电缆示例的识读

4.1.5.6　挤包绝缘电力电缆

额定电压 1kV（U_m=1.2kV）～ 35kV（U_m=40.5kV）挤包绝缘电力电缆的表示如图 4-7 所示。
在电缆的电压表示 U_0/U（U_m）中：
U_0 表示电缆设计用导体对地或金属屏蔽之间的额定工频电压；

U 为电缆设计用导体间的额定工频电压；

U_m 为设备可承受的"最高系统电压"的最大值。

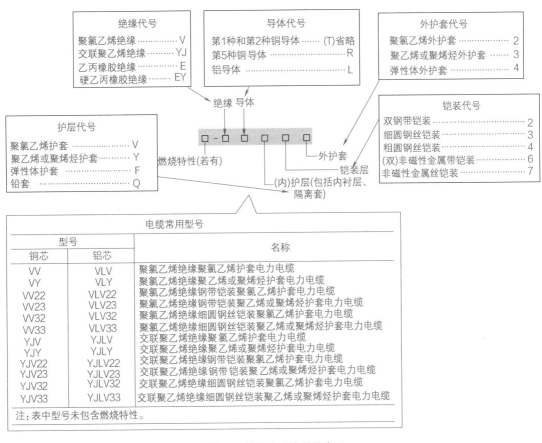

图 4-7　绝缘电力电缆的表示

绝缘电力电缆示例的识读如图 4-8 所示。

YJV22 - 0.6/1　3×95+1×50

铜芯交联聚乙烯绝缘钢带铠装聚氯乙烯护套电力电缆，额定电压为0.6kV/1kV，3+1芯，标称截面积95mm²，中性线截面积为50mm²

YJLV22 - 0.6/1　4×240

铝芯聚乙烯绝缘钢带铠装聚氯乙烯护套电力电缆，额定电压为0.6kV/1kV，4芯，标称截面积为240mm²

VRV - 0.6/1　5×70

铜芯聚氯乙烯绝缘聚氯乙烯护套软电力电缆，第5种导体，额定电压为0.6kV/1kV，5芯，标称截面积为70mm²

图 4-8　绝缘电力电缆示例的识读

4.1.6　阻燃和耐火电线电缆或光缆的型号

阻燃和耐火电线电缆或光缆的识读如图 4-9 所示。

阻燃和耐火电线电缆或光缆产品的型号由燃烧特性代号和相关电线电缆或光缆型号两部分组成

□-□

燃烧特性代号　电线电缆或光缆型号

燃烧特性代号	
代号	名称
Z	单根阻燃
ZA	阻燃A类
ZB	阻燃B类
ZC	阻燃C类
ZD	阻燃D类
	含卤
W	无卤
D	低烟
U	低毒
N	单纯供火的耐火
NJ	供火加机械冲击的耐火
NS	供火加机械冲击和喷水的耐火

注:含卤产品,Z省略。

代号组合

阻燃系列燃烧特性代号组合

系列名称		代号	名称
阻燃系列	含卤	ZA	阻燃A类
		ZB	阻燃B类
		ZC	阻燃C类
		ZD	阻燃D类
	无卤低烟	WDZ	无卤低烟单根阻燃
		WDZA	无卤低烟阻燃A类
		WDZB	无卤低烟阻燃B类
		WDZC	无卤低烟阻燃C类
		WDZD	无卤低烟阻燃D类
	无卤低烟低毒	WDUZ	无卤低烟低毒单根阻燃
		WDUZA	无卤低烟低毒阻燃A类
		WDUZB	无卤低烟低毒阻燃B类
		WDUZC	无卤低烟低毒阻燃C类
		WDUZD	无卤低烟低毒阻燃D类

注：根据电线电缆或光缆使用场合选择使用，可包括空间较小或环境相对密闭的人员密集场所等。

耐火系列燃烧特性代号组合

系列名称		代号	名称
耐火系列	含卤	N、NJ、NS	耐火
		ZAN、ZANJ、ZANS	阻燃A类耐火
		ZBN、ZBNJ、ZBNS	阻燃B类耐火
		ZCN、ZCNJ、ZCNS	阻燃C类耐火
		ZDN、ZDNJ、ZDNS	阻燃D类耐火
	无卤低烟	WDZN、WDZNJ、WDZNS	无卤低烟单根阻燃耐火
		WDZAN、WDZANJ、WDZANS	无卤低烟阻燃A类耐火
		WDZBN、WDZBNJ、WDBZNS	无卤低烟阻燃B类耐火
		WDZCN、WDZCNJ、WDZCNS	无卤低烟阻燃C类耐火
		WDZDN、WDZDNJ、WDZDNS	无卤低烟阻燃D类耐火
	无卤低烟低毒	WDUZN、WDUZNJ、WDUZNS	无卤低烟低毒单根阻燃耐火
		WDUZAN、WDUZANJ、WDUZANS	无卤低烟低毒阻燃A类耐火
		WDUZBN、WDUZBNJ、WDUBZNS	无卤低烟低毒阻燃B类耐火
		WDUZCN、WDUZCNJ、WDUZCNS	无卤低烟低毒阻燃C类耐火
		WDUZDN、WDUZDNJ、WDUZDNS	无卤低烟低毒阻燃D类耐火

注：根据电线电缆或光缆使用场合选择使用，可包括空间较小或环境相对密闭的人员密集场所等。

图 4-9　阻燃和耐火电线电缆或光缆的识读

识读

阻燃和耐火电线电缆或光缆型号识读示例如下。

① ZB-YJV-0.6/1：表示铜芯，交联聚乙烯绝缘聚氯乙烯护套电力电缆，阻燃 B 类，额定电压为 0.6kV/1kV。

② WDZANS-YJY-0.6/1：表示铜芯，交联聚乙烯绝缘聚烯烃护套电力电缆，无卤低烟，阻燃 A 类，供火加机械冲击和喷水的耐火，额定电压为 0.6kV/1kV。

③ WDUZCNJ-KYJY-450/750：表示铜芯，交联聚乙烯绝缘聚烯烃护套控制电缆，无卤低烟低毒，阻燃 C 类，供火加机械冲击的耐火，额定电压为 450V/750V。

④ WDZD-SEYYZ：表示实心聚乙烯绝缘阻燃聚烯烃护套柔软对称射频电缆，无卤低烟，阻燃 D 类。

4.1.7 电气设备的标注

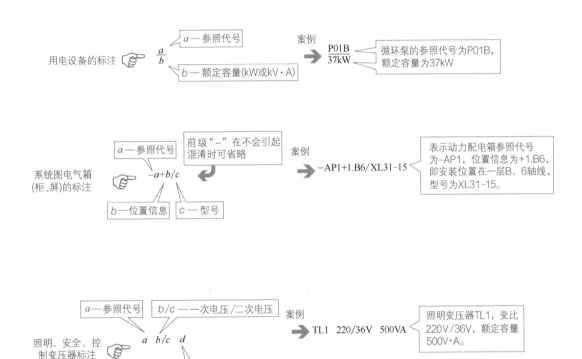

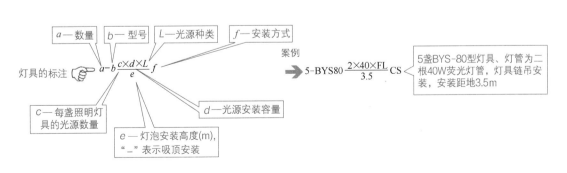

图 4-10

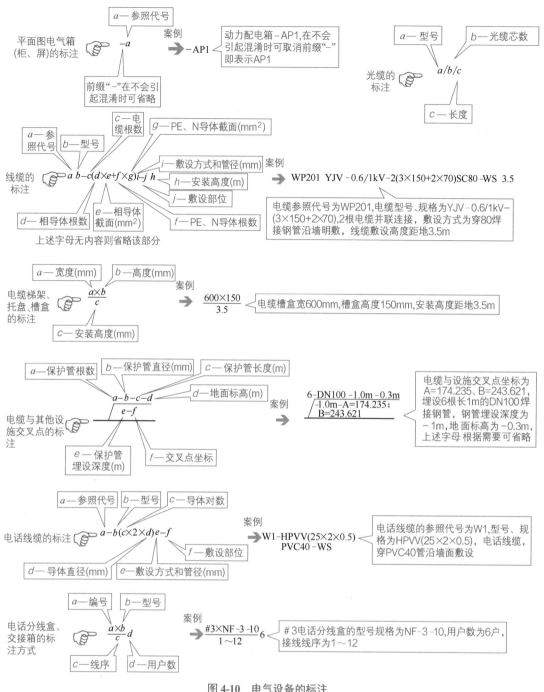

图 4-10 电气设备的标注

 识读

电气设备的标注如图 4-10 所示。

① 导线的类别：H 为市内通信电缆；HP 为配线电缆；HJ 为局用电缆。

② 导线的绝缘类型：Y 为实心聚烯烃绝缘；YF 为泡沫聚烯烃绝缘；YP 为泡沫/实心皮

聚烯烃绝缘。

③ 导线的内护层类别：A 为涂塑铝带粘接屏蔽聚乙烯护套；S 为铝钢双层金属带屏蔽聚乙烯护套；V 为聚氯乙烯护套。

④ 导线的特征：T 为石油膏填充；G 为高频隔离；C 为自承式。

⑤ 导线的外护层类型：23 为双层防腐钢带绕包销装聚乙烯外被层；33 为单层细钢丝铠装聚乙烯被层；43 为单层粗钢丝铠装聚乙烯被层；53 为单层钢带皱纹纵包铠装聚乙烯外被层；553 为双层钢带皱纹纵包铠装聚乙烯外被层。

具体示例如下。

BV（2×10）-TC25-WC：用直径为 25mm 的电线管（TC），在墙内暗敷设（WC）2 根截面积为 10mm² 的铜芯塑料绝缘线（BV）。

WP1-BV（3×50+1×35）CT CE：编号为 1 号的动力线路，导线型号为铜芯塑料绝缘导线，3 根 50mm²、1 根 35mm²，用电缆桥架，沿顶板面敷设。

WL2-BV（3×2.5）SC15 WC：编号为 2 号的照明线路，导线型号为铜芯塑料绝缘导线，3 根 2.5mm²、穿管径为 15mm 的钢管，沿墙暗敷。

AP4（XL-3-2）/40：4 号动力配电箱，其型号为 XL-3-2，功率为 40kW。

AL4-2（XRM-302-20）/10.5：建筑的第四层 2 号照明配电箱，其型号为 XRM-302-20，功率为 10.5kW。

XRM1-A3 12M：XRM 表示该配电箱为低压照明配电箱，为嵌墙安装，箱内装设一个型号为 DZ20 的出线主开关，进线主开关为 3 极开关，出线回路 12 个，单相照明。

照明配电箱的标注如图 4-11 所示。

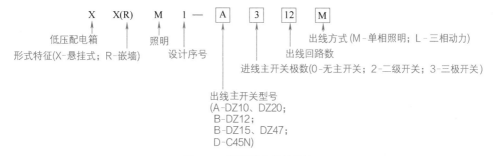

图 4-11　照明配电箱的标注

4.1.8　计算用的文字符号

计算用的文字符号的意义如表 4-7 所示。

表4-7　计算用的文字符号的意义

标注文字符号	名称	单位
P_e	设备容量	kW
P_{js}	计算负荷	kW
U_e	额定电压	V
I_e	额定电流	A

标注文字符号	名称	单位
I_{js}	计算电流	A
I_z	整定电流	A
I_d	短路电流	A
$I_{\Delta n}$	额定漏电动作电流	A
K_x	需要系数	—
$\Delta u\%$	电压损失百分数	—
$\cos\phi$	功率因数	—
S_{js}	视在功率	kVA
Q_{js}	无功功率	kvar
Q_k	电容器容量	kvar

4.1.9　供配电系统设计文件的文字符号

供配电系统设计文件的文字符号如表 4-8 所示。

表4-8　供配电系统设计文件的文字符号

文字符号	名称	单位
U_n	系统标称电压，线电压（有效值）	V
U_r	设备的额定电压，线电压（有效值）	V
I_r	额定电流	A
f	频率	Hz
P_r	额定功率	kW
P_n	设备安装功率	kW
P_c	计算有功功率	kW
Q_c	计算无功功率	kvar
S_c	计算视在功率	kVA
S_r	额定视在功率	kVA
I_c	计算电流	A
I_{st}	启动电流	A
I_p	尖峰电流	A
I_s	整定电流	A
I_k	稳态短路电流	kA
$\cos\phi$	功率因数	—
U_{kr}	阻抗电压	%
I_p	短路电流峰值	kA
S_{KQ}''	短路容量	MVA
K_d	需要系数	—

4.1.10 设备端子与导体的标志标识

设备端子与导体的标志标识见表 4-9。

表4-9 设备端子与导体的标志标识

导体		文字符号	
		设备端子标志	导体和导体终端标识
交流导体	第1线	U	L1
	第2线	V	L2
	第3线	W	L3
	中性导体	N	N
直流导体	正极	+ 或 C	L+
	负极	- 或 D	L-
	中间点导体	M	M
保护导体		PE	PE
PEN 导体		PEN	PEN
接地导体		E	E
保护接地中间导体		PEM	PEM
保护接地线导体		PEL	PEL
功能接地线		FE	FE
功能等电位联接线		FB	FB

4.1.11 标注安装方式的文字符号

标注安装方式的文字符号见表 4-10。

表4-10 标注安装方式的文字符号

灯具安装方法的标注		灯具安装方法的标注	
名称	代号	名称	代号
线吊式、自在器线吊式	SW	吊顶内安装	CR
链吊式	CS	墙壁内安装	WR
管吊式	DS	支架上安装	S
壁装式	W	柱上安装	CL
吸顶式	C	座装	HM
嵌入式	R		

导线敷设方式的标注见表4-11。

表4-11　导线敷设方式的标注

名称	旧代号	新代号
用瓷瓶或磁柱敷设	CP	K
用塑料线槽敷设	XC	PR
用钢管槽敷设	GC	SR
穿焊接钢管敷设	G	SC
穿电线管敷设	DG	TC
用电缆桥架敷设	—	CT
用瓷夹敷设	CJ	PL
用塑料夹敷设	VJ	PCL
穿蛇皮管敷设	SPG	CP
穿聚氯乙烯管敷设	VG	PC
穿阻燃半硬聚氯乙烯管敷设	ZVG	FPC

导线敷设部位的标注及含义见表4-12。

表4-12　导线敷设部位的标注及含义

名称	旧代号	新代号
沿钢索敷设	S	SR
暗敷设在梁内	LA	BC
沿屋架或跨屋架敷设	LM	BE
暗敷设在柱内	ZA	CLC
沿柱或跨柱敷设	ZM	CLE
暗敷设在墙内	QA	WC
沿墙面敷设	QM	WE
暗敷设在地面或地板内	DA	FC
沿天棚面或顶板面敷设	PM	CE
暗敷设在屋面或顶板内	PA	CC
在能进入的吊顶内敷设	PNM	ACE
暗敷设在不能进入的吊顶内	PNA	ACC

4.1.12　常用的电气设备参照代号的字母代码

常用的电气设备参照代号的字母代码见表4-13。

表4-13　电气设备常用参照代号的字母代码

项目	设备、装置和元件名称	参照代号的字母代码 主类代码	参照代号的字母代码 含子类代码	项目	设备、装置和元件名称	参照代号的字母代码 主类代码	参照代号的字母代码 含子类代码
两种或两种以上的用途或任务	35kV 开关柜	A	AH	把某一输入变量（物理性质、条件或事件）转换为供进一步处理的信号	速度变换器	B	BS
	20kV 开关柜		AJ		温度传感器、温度计		BT
	10kV 开关柜		AK		麦克风		BX
	6kV 开关柜		—		视频摄像机		BX
	低压配电柜		AN		火灾探测器		—
	并联电容器箱（柜、屏）		ACC		气体探测器		—
	直流配电箱（柜、屏）		AD		测量变换器		—
	保护箱（柜、屏）		AR		位置测量传感器		BG
	电能计量箱（柜、屏）		AM		液位测量传感器		BL
	信号箱（柜、屏）		AS	材料、能量或信号的存储	电容器	C	CA
	电源自动切换箱（柜、屏）		AT		线圈		CB
	动力配电箱（柜、屏）		AP		硬盘		CF
	应急动力配电箱（柜、屏）		APE		存储器		CF
	控制、操作箱（柜、屏）		AC		磁带记录仪、磁带机		CF
	励磁箱（柜、屏）		AE		录像机		CF
	照明配电箱（柜、屏）		AL	提供辐射能或热能	白炽灯、荧光灯	E	EA
	应急照明配电箱（柜、屏）		ALE		紫外灯		EA
	电度表箱（柜、屏）		AW		电炉、电暖炉		EB
	弱电系统设备箱（柜、屏）		—		电热、电热丝		EB
把某一输入变量（物理性质、条件或事件）转换为供进一步处理的信号	热过载继电器	B	BB		灯、灯泡		—
	保护继电器		BB		激光器		—
	电流互感器		BE		发光设备		—
	电压互感器		BE		辐射器		—
	测量继电器		BE	直接防止（自动）能量流、信息流、人身或设备发生危险的意外情况，包括用于防护的系统和设备	热过载释放器	F	FD
	测量电阻（分流）		BE		熔断器		FA
	测量变送器		BE		安全栅		FC
	气表、水表		BF		电涌保护器		FC
	差压传感器		BF		接闪器		FE
	流量传感器		BF		接闪杆		FE
	接近开关、位置开关		BG		保护阳极（阴极）		FR
	接近传感器		BG	启动能量流或材料流，产生用作信息载体或参考源的信号，生产一种新能量、材料或产品	发电机	G	GA
	时钟、计时器		BK		直流发电机		GA
	温度计、湿度测量传感器		BM		电动发电机组		GA
	压力传感器		BP		柴油发电机组		GA
	烟雾（感烟）探测器		BR		蓄电池、干电池		GB
	感光（火焰）探测器		BR		燃料电池		GB
	光电池		BR		太阳能电池		GC
	速度计、转速计		BS		信号发生器		GF

项目	设备、装置和元件名称	参照代号的字母代码		项目	设备、装置和元件名称	参照代号的字母代码	
		主类代码	含子类代码			主类代码	含子类代码
启动能量流或材料流，产生用作信息载体或参考源的信号，生产一种新能量、材料或产品	不间断电源	G	GU	提供信息	无功电度表	P	PJR
					最大需用量表		PM
					有功功率表		PW
					功率因数表		PPF
					无功电流表		PAR
					（脉冲）计数器		PC
					记录仪器		PS
处理（接收，加工和提供）信号或信息（用于防护的物体除外，见F类）	继电器	K	KF		频率表		PF
	时间继电器		KF		相位表		PPA
	控制器（电、电子）		KF		转速表		PT
	输入、输出模块		KF		同位指示器		PS
	接收机		KF		无色信号灯		PG
	发射机		KF		白色信号灯		PGW
	光耦器		KF		红色信号灯		PGR
	控制器（光、声学）		KG		绿色信号灯		PGG
	阀门控制器		KH		黄色信号灯		PGY
	瞬时接触继电器		KA		显示器		PC
	电流继电器		KC		温度计，液位计		PG
	电压继电器		KV	受控切换或改变能量流、信号流或材料流（对于控制电路中的信号，见K类和S类）	断路器	Q	QA
	信号继电器		KS		接触器		QAC
	瓦斯保护继电器		KB		晶闸管、电动机启动器		QA
	压力继电器		KPR		隔离器、隔离开关		QB
提供驱动用机械能（旋转或线性机械运动）	电动机	M	MA		熔断器式隔离器		QB
	直线电动机		MA		熔断器式隔离开关		QB
	电磁驱动		MB		接地开关		QC
	励磁线圈		MB		旁路断路器		QD
	执行器		ML		电源转换开关		QCS
	弹簧储能装置		ML		剩余电流保护断路器		QR
提供信息	打印机	P	PF		软启动器		QAS
	录音机		PF		综合启动器		QCS
	电压表		PV		星-三角启动器		QSD
	报警灯、信号灯		PG		自耦降压启动器		QJS
	监视器、显示器		PG		转子变阻式启动器		QRS
	LED（发光二极管）		PG	限制或稳定能量、信息或材料的运动或流动	电阻器、二极管	R	RA
	铃、钟		PB		电抗线圈		RA
	计量表		PG		滤波器、均衡器		RF
	电流表		PA		电磁锁		RL
	电度表		PJ		限流器		RN
	时钟、操作时间表		PT		电感器		—

项目	设备、装置和元件名称	主类代码	含子类代码	项目	设备、装置和元件名称	主类代码	含子类代码
把手动操作转变为进一步处理的特定信号	控制开关	S	SF	从一地到另一地导引或输送能量、信号、材料或产品	高压母线、母线槽	W	WA
	按钮开关		SF		高压配电线缆		WB
	多位开关（选择开关）		SAC		低压母线、母线槽		WC
	启动按钮		SF		低压配电线缆		WD
	停止按钮		SS		数据总线		WF
	复位按钮		SR		控制电缆、测量电缆		WG
	试验按钮		ST		光缆、光纤		WH
	电压表切换开关		SV		信号线路		WS
	电流表切换开关		SA		电力（动力）线路		WP
保持能量性质不变的能量变换，已建立的信号保持信息内容不变的变换，材料形态或形状的变换	变频器、频率转换器	T	TA		照明线路		WL
	电力变压器		TA		应急电力（动力）线路		WPE
	DC/DC 转换器		TA		应急照明线路		WLE
	整流器、AC/DC 变换器		TB		滑触线		WT
	天线、放大器		TF	连接物	高压端子、接线盒	X	XB
	调制器、解调器		TF		高压电缆头		XB
	隔离变压器		TF		低压端子、端子板		XD
	控制变压器		TC		过路接线盒、接线端子箱		XD
	整流变压器		TR		低压电缆头		XD
	照明变压器		TL		插座、插座箱		XD
	有载调压变压器		TLC		接地端子、屏蔽接地端子		XE
	自耦变压器		TT		信号分配器		XG
保护物体在一定的位置	支柱绝缘子	U	UB		信号插头连接器		XG
	强电梯架、托盘、槽盒		UB		（光学）信号连接		XH
	瓷瓶		UB		连接器		—
	弱电梯架、托盘、槽盒		UG		插头		—
	绝缘子		—				

4.1.13 常用辅助文字符号

常用辅助文字符号见表 4-14。

表4-14 常用辅助文字符号

文字符号	名称	文字符号	名称	文字符号	名称
A	电流	ADD	附加	BC	广播
A	模拟	ADJ	可调	BK	黑
AC	交流	AUX	辅助	BU	蓝
A、AUT	自动	ASY	异步	BW	向后
ACC	加速	B、BRK	制动	C	控制

文字符号	名称	文字符号	名称	文字符号	名称
CW	顺时针	INC	增	PO	并机
CCW	逆时针	IND	感应	PR	参量
CD	操作台（独立）	L	左	R	记录
CO	切换	L	限制	R	右
D	延时、延迟	L	低	R	反
D	差动	LL	最低（较低）	RD	红
D	数字	LA	闭锁	RES	备用
D	降	M	主	R、RST	复位
DC	直流	M	中	RTD	热电阻
DCD	解调	M	中间线	RUN	运转
DEC	减	M、MAN	手动	S	信号
DP	调度	MAX	最大	ST	起动
DR	方向	MIN	最小	S、SET	置位、定位
DS	失步	MC	微波	SAT	饱和
E	接地	MD	调制	SB	供电箱
EC	编码	MH	人孔（人井）	STE	步进
EM	紧急	MN	监听	STP	停止
EMS	发射	MO	瞬间（时）	SYN	同步
EX	防爆	MUX	多路复用的限定符号	SY	整步
F	快速	N	中性线	SP	设定点
FA	事故	NR	正常	T	温度
FB	反馈	OFF	断开	T	时间
FM	调频	ON	闭合	T	力矩
FW	正、向前	OUT	输出	TE	无噪声（防干扰）接地
FX	固定	O/E	光电转换器	TM	发送
G	气体	P	压力	U	升
GN	绿	P	保护	UPS	不间断电源
H	高	PB	保护箱	V	真空
HH	最高（较高）	PE	保护接地	V	速度
HH	手孔	PEN	保护接地与中性线共用	V	电压
HV	高压	PU	不接地保护	VR	可变
IB	仪表箱	PL	脉冲	WH	白
IN	输入	PM	调相	YE	黄

4.1.14 强电设备辅助文字符号

强电设备辅助文字符号见表4-15。

表4-15 强电设备辅助文字符号

中文名称	文字符号	中文名称	文字符号	中文名称	文字符号
控制箱、操作箱	CB	自耦降压启动器	SAT	局部等电位端子箱	LEB
照明配电箱	LB	软启动器	ST	信号箱	SB
应急照明配电箱	ELB	烘手器	HDR	电源切换箱	TB
电度表箱	WB	配电屏（箱）	DB	动力配电箱	PB
仪表箱	IB	不间断电源装置（箱）	UPS	应急动力配电箱	EPB
电动机启动器	MS	应急电源装置（箱）	EPS		
星-三角启动器	SDS	总等电位端子箱	MEB		

4.1.15 弱电设备辅助文字符号

弱电设备辅助文字符号见表4-16。

表4-16 弱电设备辅助文字符号

中文名称	文字符号	中文名称	文字符号	中文名称	文字符号
视频服务器	VS	计算机	CPU	安防系统设备箱	SC
操作键盘	KY	数字硬盘录像机	DVR	网络系统设备箱	NT
机顶盒	STB	解调器	DEM	电话系统设备箱	TP
音量调节器	VAD	调制器	MO	电视系统设备箱	TV
门禁控制器	DC	调制解调器	MOD	家居配线箱	HD
视频分配器	VD	直接数字控制器	DDC	家居控制器	HC
视频顺序切换器	VS	建筑设备监控系统设备箱	BAS	家居配电箱	HE
视频补偿器	VA	广播系统设备箱	BC	解码器	DEC
时间信号发生器	TG	会议系统设备箱	CF		

4.1.16 信号灯颜色标识

信号灯颜色标识见表4-17。

表4-17 信号灯颜色标识

名称	颜色标识	
状态	颜色	备注
危险指示	红色（RD）	—
事故跳闸		
重要的服务系统停机		
起重机停止位置超行程		
辅助系统的压力/温度超出安全极限		
警告指示	黄色（YE）	
高温报警		

名称	颜色标识	
状态	颜色	备注
过负荷	黄色（YE）	—
异常指示		
安全指示	绿色（GN）	核准继续运行
正常指示		
正常分闸（停机）指示		设备在安全状态
弹簧储能完毕指示		
电动机降压启动过程指示	蓝色（BU）	
开关的合（分）或运行指示	白色（WH）	单灯指示开关运行状态；双灯指示开关合时运行状态

4.1.17 按钮颜色标识

按钮颜色标识见表4-18。

表4-18 按钮颜色标识

名称	颜色标识	名称	颜色标识
分闸（停机）按钮	红色（RD）、黑色（BK）	安全状态	绿色（GN）
电动机降压启动结束按钮	白色（WH）	紧停按钮	红色（RD）
复位按钮		正常停和紧停合用按钮	
弹簧储能按钮	蓝色（BU）	危险状态或紧急指令	
异常、故障状态	黄色（YE）	合闸（开机）（启动）按钮	绿色（GN）、白色（WH）

4.1.18 导体颜色标识

导体颜色标识见表4-19。

表4-19 导体颜色标识

导体名称	颜色标识	导体名称	颜色标识
交流导体的第1线	黄色（YE）	直流导体的负极	蓝色（BU）
交流导体的第2线	绿色（GN）	直流导体的中间点导体	淡蓝色（BU）
交流导体的第3线	红色（RD）	PEN导体	全长绿/黄双色（GNYE），终端另用淡蓝色（BU）标志或全长淡蓝色（BU），终端另用绿/黄双色（GNYE）标志
中性导体N	淡蓝色（BU）		
保护导体PE	绿/黄双色（GNYE）		
直流导体的正极	棕色（BN）		

4.1.19 配电系统图常见的符号含义

配电系统图常见的符号含义见图4-12。

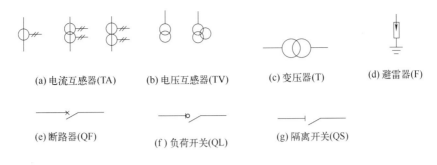

(a) 电流互感器(TA)　　(b) 电压互感器(TV)　　(c) 变压器(T)　　(d) 避雷器(F)

(e) 断路器(QF)　　　　(f) 负荷开关(QL)　　　(g) 隔离开关(QS)

图 4-12　配电系统图常见的符号含义

4.1.20　配电系统图设备的识读

4.1.20.1　变压器的识读

SCB10-2000 10/0.4 D/Yn11 或者 SCB10-2000kVA-10-0.4kV D，Yn11 或者

SCB10-2000kVA/10/0.4

（1）SCB10，表示三相干式变压器的型号，S 表示三相。C 表示树脂绝缘，是变压器的绝缘属性。B 表示低压箔式绕组。10 为性能水平的代号。

（2）2000 或者 2000kVA，表示变压器的额定容量值为 2000kVA。只有数值表示的，单位也是 kVA。

（3）10-0.4 或 10/0.4，表示将 10kV 的接入电压转化为 400V 的可用电压，即变压。

（4）D/Yn11 或者 D，YN11，表示变压器的接线方式，即高压侧三角接法，低压侧星形接法。

4.1.20.2　母线

TMY-3［2×（125×10）］+1×（125×10）

（1）TMY，表示硬铜排。

（2）3［2×（125×10）］，表示为 3 条相线为双排，每排规格为 125mm×10mm。

（3）1×（125×l0），表示为 PEN 为单排，规格为 125mm×10mm。

4.1.20.3　回路

112kW WDZA-YJY-4×185+E95

（1）112kW，表示该出线回路为 112kW 负荷。

（2）WDZA-YJY-4×185+E95，表示出线电缆为无卤低烟 A 级阻燃（交联聚乙烯绝缘、交联聚乙烯护套），规格为 4×185+E95。其中，E95 表示 PE 线规格为 95mm^2。

4.1.20.4　线路

（1）示例一

ZR-YJV-4×25+1×16-CT-SC80-ACC

① ZR，表示阻燃。

② YJV，表示交联聚乙烯绝缘低卤、阻燃、耐火型电力电缆。

③ 4×25+1×16，表示 4 根 25mm² 的电缆，1 根 16mm² 的电缆。

④ CT，表示电缆桥架敷设。

⑤ SC，表示钢管。

⑥ 80，表示钢管的公称直径为 DN80。

⑦ ACC，表示暗敷设在不能进人的吊顶内。

（2）示例二

BV（2×6+E6）SC20-C

① BV，表示聚氯乙烯绝缘电线。

②（2×6+E6），表示两根 6mm² 的电源线，加一根 6mm² 的接地保护线。

③ SC20-C，表示使用 DN20 的水煤气管做穿线管，暗敷。

（3）示例三

LGJ185/25

① LGJ，表示钢芯铝绞线。

② 185，表示导线的截面积为 185mm²。

③ 25，表示钢芯的截面积为 25mm²。

4.1.20.5 转换开关

LW5-16 YH3/3

（1）LW，表示万能转换开关。

（2）5，表示设计序号。

（3）16，表示开关触头能承受的额定电流为 5A。

（4）Y，表示电压。

（5）H，表示转换。

（6）3，表示三相。

（7）3，表示三节。

4.1.20.6 电流互感器

LMZJ1-0. 66 150/5

（1）L，表示电流互感器。

（2）M，表示母线穿芯式。

（3）ZJ，表示浇铸绝缘。

（4）1，表示设计序号。

（5）0.66，表示额定电压为 0.66V。

（6）150/5，表示该电流互感器的变比。

4.1.20.7 瓷插保险

RC1-10A

（1）RC，表示插入式熔断器。R 表示熔断器，C 表示插入式。

（2）1，表示设计序号。

（3）10A，表示其允许额定电流值为 10A。

4.1.21 配电箱的识读

4.1.21.1 单元用户配电箱

单元用户配电箱，一般会标注配电箱类型，几层几号箱，如图 4-15 所示。动力配电箱，主要负荷为动力设备，多为三相供电。动力配电箱一般只允许专业人员进行操作。照明配电箱属于终端配电，主要负荷是照明器具、普通插座、小型电动机负荷等，负荷较小，多为单相供电。

AL-1-1

（1）AL，表示照明配电箱。

（2）1-1，表示第 1 层，1 号箱。

4.1.21.2 断电器

（1）示例一

NPX630/3P 400A

① NPX630，表示断电器的型号。

② 3P，表示三极。

③ 400A，表示最大断路电流是 400A。

（2）示例二

C65N-C25/1P

① C65N-C25/1 P 为小型断电器。

② C65N，表示断电器型号。

③ C25，表示脱扣器额定电流 25A。

④ 1P，表示单极。

4.1.21.3 动力配电箱

NPX160/3P 160A WL1 YJV-4×70+1×35-SC80 FC 60W AP4

（1）NPX160，表示断电器的型号。

（2）3P 表示三极，若无特殊标注，则额定频率为 50Hz。

（3）160A，表示脱扣器电流为 40 ～ 160A。

（4）WL1，表示回路 1。

（5）YJV，表示铜芯交联聚乙烯电缆。若为 NHYJV，则是耐火铜芯交联聚乙烯电缆。

（6）4×70+1×35，表示 4 根截面 70mm² 线芯加一根截面 35mm² 的中性线芯。

（7）SC80，表示穿公称直径为 DN80 的焊接钢管。

（8）FC，表示暗敷在地面内。

（9）60W AP4，表示 AP4 编号为 4 的动力配电箱，功率 58.8W。若为 AL，则表示照明配电箱。

4.1.21.4 照明线路

C65N-C10/1P WL2 BV-3×2.5-SC15 CC 0.78kW 照明

（1）C65N，表示断电器型号。

（2）C10/1P，表示断电器最大断路电流为 10A，极数为单极。

（3）WL2，表示回路 2。

（4）BV，表示铜芯聚氯乙烯绝缘电缆。

（5）3×2.5，表示 3 根线芯截面面积 4mm^2 的电线。

（6）SC15，表示穿直径 15mm 的钢管。

（7）CC，表示暗敷，设在屋面或顶板内。

（8）0.78kW 照明，表示照明线路，功率为 0.78kW。

4.1.21.5 空调插座

C65N-C16/3P WL5 BV-4×4-SC20 FC WC 3.7kW 380V 空调插座

（1）C65N，表示断电器型号。

（2）C16/3P，表示断电器最大断路电流为 16A，极数为 3 极。

（3）WL5，表示回路 5。

（4）BV-4×4，表示采用 4 根线芯截面 4mm^2 的铜芯聚氯乙烯绝缘电缆。

（5）SC20 FC WC，表示穿直径 20mm 的钢管，暗敷设在地面内、墙内。

（6）3.7kW 380V 空调插座，表示 380V 空调插座线路，功率 3.7kW。

4.1.22 电施说明的识读

设计说明

一、工程概况
1.本工程位于×××公司厂区内。
2.本工程建筑主体为三层，建筑已建造完毕。
3.此次改造建筑面积约为2070平方米，装修后建筑主要使用功能为办公。

二、设计依据
1.委托方提供的装修设计图纸。
2.委托方提供的设计条件、资料文件等。
3.国家现行规范：
《建筑防火设计规范GBJ—××××》
《供配电系统设计规范GB 50052—××××》
《低压配电设计规范GB 50054 —×××× 》
《通用用电设备配电设计规范GB 50055 — ××××》
《火灾自动报警系统设计规范GB 50116 — ××××》
《高层民用建筑设计防火规范GB 50045—××××》

三、委托设计范围：电气照明系统、弱电系统设计。

四、电气照明、动力系统
1.本工程照明用电负荷为三级。自厂区变电所引三相四线电源(380V/220V)分别至照明配电柜GG1、动力配电柜GG2，不计量。本工程供电制式为TN-C-S系统。
2.配电间引出开关应比本工程接入开关少大一级。
3.插座计算功率：一般插座为0.10kW；液晶彩电插座为0.45kW；落地灯、沙发处台灯为0.04kW；冰箱插座为0.15kW；电水壶插座(酒柜内)为0.40kW。
4.除注明外，配电管线敷设：配电箱之间管线沿墙内、线槽内敷设；配电箱至插座间管线为沿墙内、线槽内敷设；配电箱至照明灯具间管线为沿墙内、顶板内、线槽内敷设。
5.照明扳把开关暗装高度为距地1.30米，卫生间照明扳把开关应采用防水型，平面图、图例无明显表示。除平面图表明外，一般电源插座选用带二孔、三孔的安全型插座，距地0.30米暗装。单相空调插座选用安全型三孔插座，三相空调插座采用成品插座箱。
6.照明、设备配电箱嵌墙暗装，底边距地1.40米。

7.所有日光灯(配电子镇流器)、节能灯(配电子变压器)均必须采用高功率因素型，功率因素接近1。
8.配电箱至电源插座的出线开关选用漏电保护型断路器，漏电动作电流小于30毫安。
9.所有照明灯具为业主自主选用，但选用灯具功率不应大于图例灯具功率。

五、弱电系统
1.本弱电系统包括：电话系统、网络系统、有线电视系统。
2.有线电视系统：客房内电视机处均设置二孔电视插座；二层机房内设置放大器箱一台，本设计进线仅为示意。
3.电话系统：每个办公台、客房内床头柜处均设置电话插座，电话线引自二层机房。
4.网络系统：每个办公台、客房内书桌处均设置网络插座，网络线引自二层机房。

六、接地系统：
1.金属线槽端部及每隔25米采用BV-1×6 PC20就近与配电箱地排可靠连接。
2.客房卫生间内局部等电位接地参照大样图。

七、其他：
1.本工程未尽之处参照现行有关图集、标准。
2.按照国家规范施工、验收，工程经验收合格后方可投入使用。

图 4-13 电施说明

（1）电施说明如图 4-13 所示。识读说明可知，该说明分为七部分，即工程概况、设计依据、设计范围、电气照明、动力系统、弱电系统、接地系统、其他等。

（2）识读说明可知，该工程项目是改造建筑，建筑装修后用于办公。

（3）识读说明可知，该工程电施主要涉及电气照明系统、弱电系统。

（4）识读说明可知，设计对电气照明、动力系统、弱电系统、接地系统进行了说明与要求。

4.1.23　接地的特点与布置

接地，就是电气设备的任何部分与大地间作良好的电气连接。接地体，或接地极，就是埋入大地中并直接与大地接触的金属导体。人工接地体，就是专门为接地而人为装设的接地体。自然接地体，就是指兼作接地功能用的且直接与大地有良好接触的各种金属构件、金属管道、建筑物的钢筋混凝土基础等。

接地线，就是连接于接地体与电气设备接地部分间的金属导线。接地线与接地体合称为接地装置。由若干接地体在大地中相互用接地线连接起来的一个整体，称为接地网。

接地装置如图 4-14 所示。

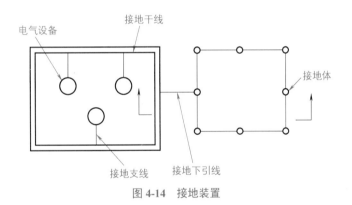

图 4-14　接地装置

接地体按布局分为垂直布置、水平布置，如图 4-15 所示。

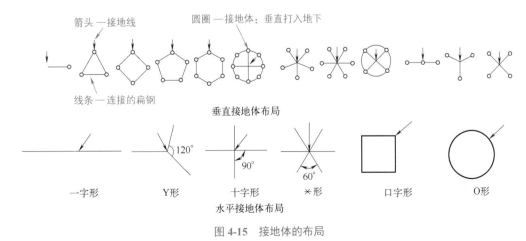

图 4-15　接地体的布局

4.2.1 某电施说明的识读

电气设计说明

一、建筑概况
本建筑物为二类高层建筑物,地下一层,地上十六层。
其中地下一层为设备房、汽车库及库房;一~三层为市场,四层为活动室及库房;五层为电气机房及办公室;六~十五层为办公室;十六层为会议室;屋面为电梯机房、办公室及锅炉房,顶层为水箱间。

二、设计依据
1.《民用建筑电气设计规范》等国家相应标准、规程、规范。
2. ×××提供的设计要求及其他专业提供的电气资料。

三、设计内容
变配电系统、电力照明系统、防雷与接地系统、电视配线系统、电话配线系统、火灾自动报警系统、消防广播及消防联动控制系统。

四、变配电系统
1.本楼中心变配电室设在地下一层,高压开关柜采用手车式,低压开关柜采用抽屉式,变压器采用环氧树脂浇注干式变压器。一路高压电源采用YJV-10kV交联电缆,由就近开闭所直埋地引入。
2.为满足消防负荷及其他重要负荷,配备自启动柴油发电机(要求市电停电时0~15秒启动)一台,设在地下一层。
3.1号箱变位于五层,2号箱变位于屋面。

五、电力、照明
1.消防水泵、防排烟风机、加压风机、自喷水泵、防火卷帘等用电为二级负荷。
2.供电方式采用TN-S系统,三相五线制。
3.电力、照明干线采用YJV-1.0kV电力电缆沿电缆沟、桥架及所有分支线均采用导线穿钢管沿墙、地面及顶板暗敷管作为2.5mm²,其中照明采用二根。
4.在室内所有电力线路沿铝合金金属桥架敷设(桥架规格W300×H100)。
5.各种水泵、防火卷帘、空调机组、风机的控制箱、柜均由设备自带。
6.对于二级负荷采用双电源在末端自动切换。
7.凡未有画照明灯具的房间灯具及线路均由二次装修进行设计。

六、防雷与接地系统
1.本工程防雷等级为三类。建筑物的防雷装置应满足防直击雷、防雷电感应及雷电波的侵入。
2.凡凸出屋面的所有金属构件、金属通风管、金属屋面、金属屋架等均与避雷带可靠焊接。
3.室外接地凡从建筑物处均应刷防锈漆。
4.接闪器:在屋顶采用φ12热镀锌圆钢做避雷带,屋顶避雷带连接线网格不大于25m×25m。
5.引下线:利用建筑物剪力墙暗柱内φ16以上主筋通长焊接作为引下线,引下线间距不大于25m,外墙引下线在室外地面下0.8m处引出一根40×4热镀锌扁钢,扁钢伸出室外散水1m。
引下线上端与避雷带焊接,下端与接地极焊接。建筑物四角的外墙引下线在室外地面下1.5m处设测试卡子。
6.均压环:自3层开始,将外墙上的金属栏杆、金属门窗等较大金属物直接或通过金属门窗预埋铁等每三层与圈梁内主筋进行焊接连通作为均压环,以防雷引出。
7.接地极:接地极为建筑物基础底梁上的上下二层钢筋中的两根主筋通长焊接形成的基础接地网。

接地及安全措施:
1.本工程防雷接地、电气设备的保护接地、电梯机房接地及弱电系统接地等共用统一的接地体,要求接地电阻不大于1Ω,实测不满足要求时,增设人工接地极。

2.本工程接地形式采用TN-S系统,电源在进户处做重复接地,并与防雷接地共用接地体。
3.本工程采用总等电位联结,总等电位联结和局部等电位联结,总等电位宜连接线采用BV-1×25-PVC32,总等电位联结均采用等电位卡子,禁止在金属管道上焊接。有淋浴室的卫生间局部等电位联结,从适当地方引出需大于φ16结构钢筋至局部等电位箱(LEB),局部等电位箱暗敷,底边距地0.3m,将卫生间内所有金属管道连接到等电位箱。
4.过电压保护:在层配电柜内装电涌保护器(SPD)。
5.凡正常不带电,而当绝缘破坏有可能呈现电压的一切电气设备金属外壳均应可靠接地。

七、火灾自动报警系统
1.本工程为一类高层建筑,为二级保护对象。
2.在每层设置手动报警按钮和供消防队员使用的消防电话插孔,每层设置楼层显示装置及声光报警装置。
3.在每层公共场所设置火灾事故广播扬声器,发生火灾时,接通着火层及其上下层的消防广播。
4.除在汽车库、发电机房安装智能感温探测器外,其余房间均设置智能离子感烟探测器。
5.公共场所、设备房、汽车库、楼梯间及电梯前室等公共场所均设置应急指示照明,应急时间为一小时。
6.所有消防线路走电穿井道内穿防火铝合金金属槽(W200×H100)明敷设,其余均穿钢管沿墙、地及顶板暗敷设。
7.所有均敷设的消防管线穿钢管均应刷防火涂料,所有暗敷设的线路穿钢管均应敷设在保护层厚度大于3cm的保护层内。
8.消火栓信号线室内采用RV-4×1.0mm导线,消防联动线路采用KW-n×1.5mm控制电缆。
9.应将防火阀及排烟阀的动作信号反馈到消防中心,确认火灾发生后自动或手动控制相关风机,风机的动作信号要反馈至消防控制室。报警回路总线采用RVS-2×1.5mm导线,24V电源线采用RV-2×2.5mm²导线,消防电话线采用RVS-1.5mm²导线。

八、有线电视系统
1.有线电视前端箱安于五层。
2.放大器所需220V交流电源由井道照明灯线路引入。
3.有线电视信号采用SYKV-75-12穿钢管暗地地引入,分支干线采用SYKV-75-9,分支线路及分配器间的线路采用SYKV-75-7。由分支器至电视插座的线路采用SYKV-75-5敷设。

九、电话配线系统
1.电话进线采用HYA-2×0.5电话线穿钢管由室外埋地引入(电话机房在五层)。
2.每层设置一台电话分线箱,电话电缆沿铝合金金属线槽(W200×H100)敷设。

十、其他
1.凡与施工有关而未说明之处,参见国家、地方相应标准、规程、规范、图集协商解决。
2.电气施工人员须与土建专业密切配合做好电气设备的预留孔洞及接线盒。
3.本工程所选设备、材料必须满足与相关标准。

图 4-16 某电施说明

 识读

（1）某电施说明如图 4-16 所示。通过读说明，可以了解该项目工程的建筑概况、设计依据、设计内容、变配电系统、电力系统、照明系统、防雷与接地系统、有线电视系统、电话配线系统、火灾自动报警系统、消防广播及消防联动系统等。

（2）通过读说明可知，该项目工程的建筑物为二类高层建筑物，有地下一层、地上十六层、屋面（为电梯机房/办公室/锅炉房）、顶层（水箱间）。各层的功能，可以通过读文字得知。那么，电施的强电、弱电就涉及这些空间。

（3）通过读说明可知该项目工程变配电系统的一些特点，如本楼中心变配电室设在地下一层。地下一层还配备一台自启动柴油发电机。高压开关柜与低压开关柜形式不同，高压开关柜采用手车式，低压开关柜采用抽屉式。1号箱变与2号箱变安装位置不同，1号箱变安装在五层，2号箱变安装在屋面。另外，变压器选择的是环氧树脂浇注干式变压器，并且采用就近开闭所直埋地引入的方式。其他系统参考工程变配电系统的识读方法即可。

（4）通过读说明可知，电力、照明干线采用 YJV-1.0kV 电力电缆。电话进线采用 HYA-

2×0.5。有线电视信号线采用 SYKV-75-12，分支干线采用 SYKV-75-9 分支线。总等电位连接线采用 BV-1 $\times25$-PVC32。报警回路总线采用 RVS-2$\times1.5$mm 导线。消防电话线采用 RVS-1.5mm 导线。消火栓信号灯线室内采用 RV-4$\times1.0$mm 导线。防联动线路采用 KVV-$n\times1.5$mm 控制电缆。

（5）一些导线的识读如下。

① HYA-2$\times0.5$：HYA 表示铜芯实心聚烯烃绝缘挡潮层聚乙烯护套通信电缆，2 代表 2 芯，0.5 代表单支线为 0.5mm^2。

② SYKV-75-12：S 表示射频电缆，Y 表示线芯为交联聚乙烯绝缘，K 表示可控制信号型电缆，V 表示外护套为聚氯乙烯塑料绝缘，75 表示该类电缆的阻抗为 75Ω，12 表示电缆的外直径尺寸为 12mm。

③ SYKV-75-9：S 表示射频电缆，Y 表示线芯为交联聚乙烯绝缘，K 表示可控制信号型电缆，V 表示外护套为聚氯乙烯塑料绝缘，75 表示该类电缆的阻抗为 75Ω，9 表示电缆的外直径尺寸为 9mm。

④ BV-1$\times25$-PVC32——BV，也就是 BTV。B 表示为布电线，V 表示为聚氯乙烯绝缘，T 一般不标示，即铜芯。BV-1$\times25$-PVC32 表示 1 根 25mm^2 铜芯绝缘导线穿 PVC32 管敷设。

⑤ RVS-2$\times1.5$mm——表示铜芯聚氯乙烯绝缘软电线，2 芯，单根截面 1.5mm^2。

⑥ RV-4$\times1.0$mm——表示铜芯聚氯乙烯绝缘连接软电线电缆，4 芯，单根截面 1mm^2。

⑦ KVV-$n\times1.5$mm——KVV 表示聚氯乙烯绝缘聚氯乙烯护套控制电缆，n 表示根数，1.5mm 表示每根电线的横截面积为 1.5mm^2。

4.2.2 某图例与设备材料表的识读

图例	名称	型号、规格	单位	数量	安装高度	备注	图例	名称	型号、规格	单位	数量	安装高度	备注
⊙	广照型工厂灯	1×100W	套	—			▣	动力控制箱		台		1.6	AW5
⊢	墙灯头		套	2.5			▣	双电源自动切换装置		台		1.6	
×	应急吸顶灯	1×40W	套	—			▣	风机盘管					
⊠	应急壁灯	1×40W	套	2.5			▣	床头控制柜					落地安装
○	隔爆灯	1×60W	套	—			⊽	刮须插座				1.3	
⊞	平时应急两用型吸顶灯	1×32W/1×32W	套	—			▣	钥匙开关				1.3	
⊞	平时应急两用型荧光灯	1×36W/1×36W	套	—			⊕	电铃				2.5	
○	筒灯	1×32W	套	—			▣	呼叫及请勿打扰指示接钮				1.3	
▭	疏散指示灯	1×8W	套	0.3			♂	温控器				1.3	
▭	疏散指示灯	1×8W	套	0.3			⊣	终端电阻				1.6	////
▭	安全出口灯	1×8W	套	2.2			⊣	四分支器				1.6	///
▣	床头灯	1×32W	套	1.4			⊣	二分支器				1.6	/
▣	卫生间壁灯	1×20W	套	2.5			⊣	四分配器				1.6	///
▼	吸顶灯	1×32W	套	—			⊣	线路放大器				1.6	
⊢	单管吸顶荧光灯	1×36W	套	—		配电子镇流器	▣	消火栓按钮					////
⊢	双管吸顶荧光灯	2×36W	套	—		配电子镇流器	▣	湿式报警阀					////
⊕	电话分线箱	XFO-Ⅱ-10D	台		1.6		▣	水流指示器					
⊕	电话分线箱	XFO-Ⅱ-20D	台		1.6		▣	水力报警阀					见专业图
⊕	电话分线箱	XFO-Ⅱ-30D	台		1.6		▣	防烟防火阀70℃					
▭	200门程控交换机		台	1			▣	排烟防火阀280℃					见专业图
▽	单极三孔防水插座	KP86Z13F16	个		1.5		⊞	端子箱		18		1.6	
▲	单极二、三孔插座	KP86Z12TW10	个		0.3		▣	短路隔离器	GLM-M900X	7		1.6	
▽	电视插座	KP86ZTV	个		0.3		▣	消防电话		4		1.4	
▽	电话插座	KP86ZDTN4	个		0.3		▣	消防广播	3W	123			
✓	单极三联开关	KP86K31-10-D	个		1.3		▣	声光报警器	ISL8062B	61	2.5		
✓	单极双联开关	KP86K21-10-D	个		1.3		▣	控制模块	JSKM-M900C	82			顶板下0.3m处安装
✓	单极开关	KP86K11-10-D	个		1.3		▣	探测模块	JSM-M900M	54			顶板下0.3m处安装
✓	单极双控开关	KP86K12-10-D	个		1.3		▣	手动报警按钮	J-SAP-M-M500K	98	1.4		
▣	照明配电箱		台		1.8	AL、AP	▣	智能感温探测器	JTY-GD-882	51		—	
▣	照明配电箱		台		1.6		▣	智能感烟探测器	JTY-LZ-881	740		—	

图4-17　某图例与设备材料表

（1）某图例与设备材料表如图 4-17 所示。通过识读可知，该施工图的图例与设备材料共用同一表。

（2）通过识读可知，该施工图的图例与设备材料，包括强电图例与设备材料，也包括弱电图例与设备材料。

（3）识图时，就是根据线以及线上"挂"的符号表示的附件或者设备，来理解线路的要求与功能特点，以及附件或者设备"挂"在线路上的位置与其作用。

（4）图例与图对照如图 4-18 所示。前室两边采用了平时应急两用型吸顶灯，该两灯在前室墙壁上均安装了单极开关控制，然后电线经过 1 个双位控制开关，再连到楼梯间中间平台上方安装吸顶灯，然后在楼梯另一边安装 1 个双位控制开关。也就是，两个双位控制开关在楼梯上下共同控制一盏灯的线路。是有 4 根线的简单表示法。表示有 3 根线。

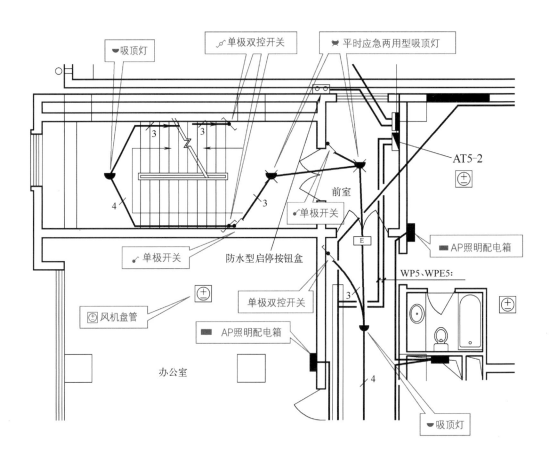

图 4-18　图例与图对照

4.2.3　某地下一层强电图的识读

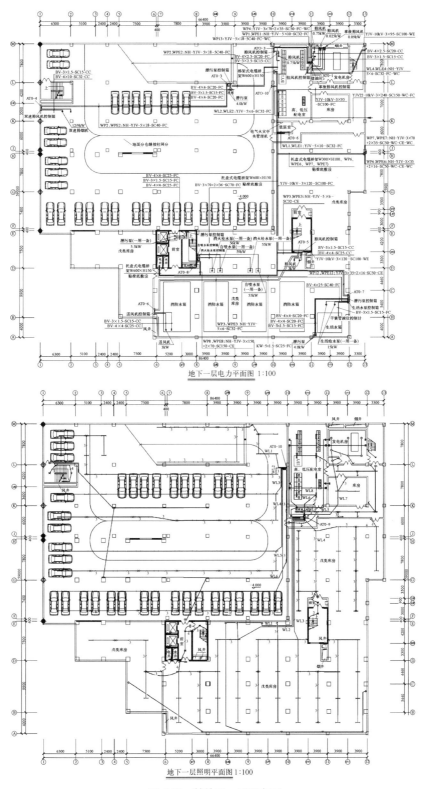

地下一层电力平面图 1:100

地下一层照明平面图 1:100

图 4-19　某地下一层强电图

（1）某地下一层强电图如图 4-19 所示。看图可知，本例地下一层强电图，主要包括电力平面图、照明平面图。电气平面布线图就是在建筑平面图上根据有关图形符号、文字符号，按电气设备安装位置、电气线路敷设方式、敷设部位以及路径给出的电气布置图。

（2）电力平面图应与电力系统图、概略图相配合识读，才能够清楚地理解建筑物内电力设备与其线路的配置情况。电力平面图往往涉及线路、用电设备、配电设备、开关、熔断器等。

（3）电力平面图是用图形符号、文字符号表示某一建筑物内各种电力设备、配电线路在平面上的布置的简图。建筑电力平面图，其实就是主干线图，即楼栋总配电箱到每层或者每户配电箱的线路，每户配电箱后对应相应户的照明、插座等用户户内用电设备。

（4）电力平面图中的用电设备、配电设备、开关和熔断器、配电等的标注往往不提供说明，而是直接遵循标注的规定格式标注。为此识读该类图的前提，就是需要熟悉其标注规定的格式与含义。

（5）照明电气平面布线图，往往涉及线路、电源、灯具、开关、插座等与照明有关的线、设备、连接方式等。照明灯具标注的格式、线路敷设方式和敷设部位的文字符号等往往也是需要提前掌握的，具体图上常常不会给出说明，而是直接给出相应的标注。

（6）从图中的车库，再结合电气设计说明中的"一、建筑情况"，确定地下一层是设备房、车库、库房。那么，识读该图的地下一层电力平面图，也就是识读设备房、车库、库房的电力平面图。

（7）识读该图的整体，应首先找出电路的总入端，然后找电路的总出端，再找电路的各中间端。电路的总入端，往往就是线路要进入高压、低压配电室的入端，结合说明中的"四、变配电系统""五、电力、照明系统"说明可知，电力的总入端具体如图 4-20 所示。

YJV22-10kV-3×240-SC150-WC-FC 进入高、低压配电室 G1。高低配电室中的 G4 连接到 YJV-10kV-3×120-SC100-WE，高、低压配电室 G6 进线 YJV-10kV-3×95-SC100-FC、YJV-10kV-3×95-SC100-WE。向上的箭头，表示从该层楼穿楼板引到上面一层楼。

（8）发电机房线路的识读：发电机房有 1 个事故排风机控制箱、2 个排风机控制箱、AT 双电源切换装置。排风机控制箱分别与 0.75kW 排风机、0.025kW 排风机相连。0.09kW 事故排风机与事故排风机控制箱相连。

（9）具体的高压、低压配电情况，则需结合配电系统图来看。

（10）其他线路的识读，就是掌握线路、掌握线路上的设备。识读时，跟着线路走，碰到设备时，弄懂是什么设备，该设备的作用与要求。

（11）识读照明平面图，就是读懂图表达的线路敷设位置、敷设方式；灯具、插座、开关、配电箱的安装位置、安装方法、标高等。如果是照明系统图，就是读懂图表达的照明安装容量、计算负荷；导线的型号、根数、配线方式、管径；开关、配电箱、熔断器的型号、规格等。

（12）一些导线的识读如下。

① YJV22-10kV-3×240-SC150-WC-FC：表示额定电压 10kV 的交联聚乙烯绝缘聚氯乙

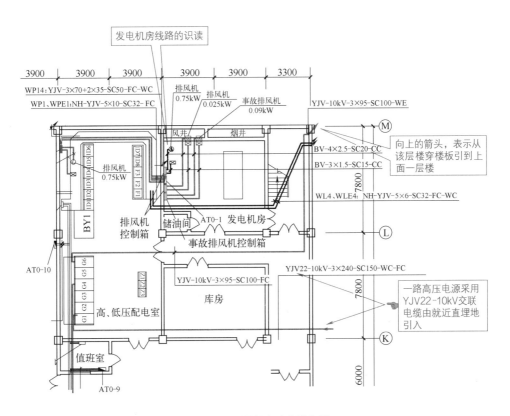

图 4-20　图解电路的进入端

烯护套钢带铠装电缆，3 芯，每芯导体截面 240mm²，SC150 表示穿内直径为 150mm 的钢管，WC 表示沿墙暗敷，FC 表示埋地暗敷。

② YJV-10kV-3×120-SC100-WE：表示额定电压 10kV 的交联聚乙烯绝缘聚氯乙烯护套电缆，3 芯，每芯导体截面 120mm²，穿内直径为 100mm 的钢管，沿墙面敷设。

③ YJV-10kV-3×95-SC100-WE：表示额定电压 10kV 的交联聚乙烯绝缘聚氯乙烯护套电缆，3 芯，每芯导体截面 95mm²，穿内直径为 100mm 的钢管，沿墙面敷设。

（13）看照明平面图，主要是看灯、看照明线路、看开关、看其他。为此，首先需要看线路、灯、开关等的图例，然后看它们通过线路的联系方式。

（14）以该图中的局部图——发电机房照明线路平面图（图 4-21）为例进行识图介绍：看图可知，发电机房两边墙壁需要安装单极二、三孔插座。根据发电机房的插座线路看，发现与高低压配电室插座线路分支相连，然后插座线路干线与装置 AT0-9 相连。从这里可以看出，装置 AT0-9 是插座线路、照明线路的"出发点"——引出端。

（15）从图 4-21 可知：照明线路从装置 AT0-9 引出编号 WL7 照明回路，顺着 WL7 照明回路看，WL7 照明回路经过库房，并且在库房上分支连接荧光灯、开关，同时 WL7 照明回路到发电机房。发电机房中有 7 盏灯，并且一盏灯的连线开关位于储油间。WL7 照明回路首先经过储油间，然后引到发电机房灯上，注意发电机房每盏灯的导线根数不同，其中一盏灯与开关连接的是 4 根导线。

（16）其他库房、值班室、戊类库房等照明线路的识图类似，不再赘述。

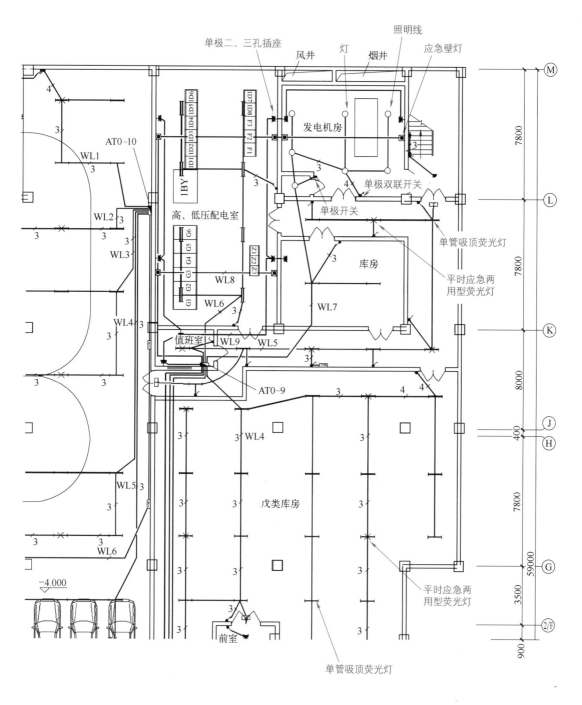

图 4-21　发电机房照明线路平面图

4.2.4　某楼层电力、照明平面图的识读

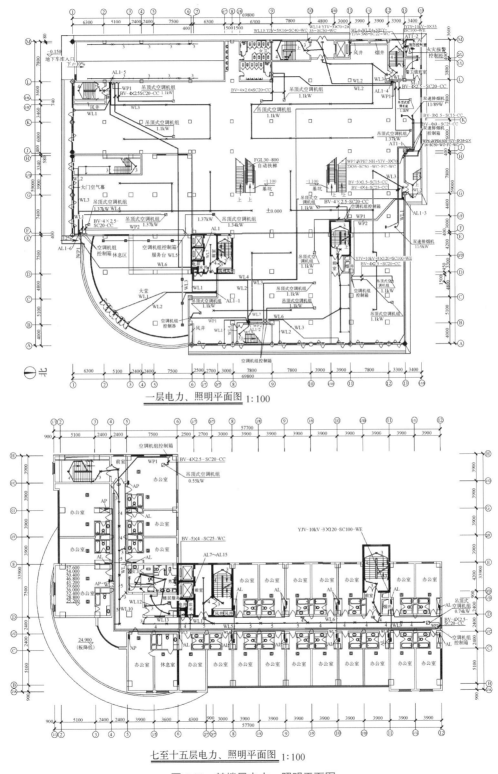

一层电力、照明平面图 1:100

七至十五层电力、照明平面图 1:100

图 4-22　某楼层电力、照明平面图

（1）某楼层电力、照明平面图如图 4-22 所示。建筑如果楼层结构、用途一样，则只提供标准层平面图即可。如果楼层结构、用途不一样，则需要提供相应楼层平面图或者相关差异平面图，或者相关说明，以体现差异，同时又不重复。

（2）通过识图以及阅读电气设计说明可知，该建筑楼层结构、用途不完全一样，阅读电气设计说明得知一～三层为市场楼层，四层为活动室及库房楼层，五层为电话机房及办公室楼层，六～十五层为办公楼层，十六层为会议室楼层，屋面为电梯机房、办公室及锅炉房楼层，顶层为水箱间楼层。六～十五层为办公楼层，所以，七～十五层提供了同一平面图，六层单独提供了一平面图（略），可能与其他办公楼层平面图有差异，必须单独提供平面图。另外，一～三层为市场楼层，提供了同一平面图（略）。其他层，均分别提供了各自的平面图（略）。

（3）另外看说明得知，未画照明灯具的房间灯具及线路均由二次装修进行设计。也就是说，具体施工，还应看装修施工图。

（4）看一层电力照明平面图、七～十五层电力照明平面图以及地下一层电力照明平面图，明显存在差异，为此，需要细读图纸。一层属于市场楼层，其电力照明平面布置应满足需要，并且有不能够阻碍空间等要求。看一层电力照明平面图整体情况（图 4-23），应首先找到电路的引入端，经过看图，发现该图有电井，电井内所有线路均梯架式沿铝合金金属桥架敷设，并且该层电井照明配电箱 AL1 引出 WL1 ～ WL6 照明回路，WL1 ～ WL6 照明回路分

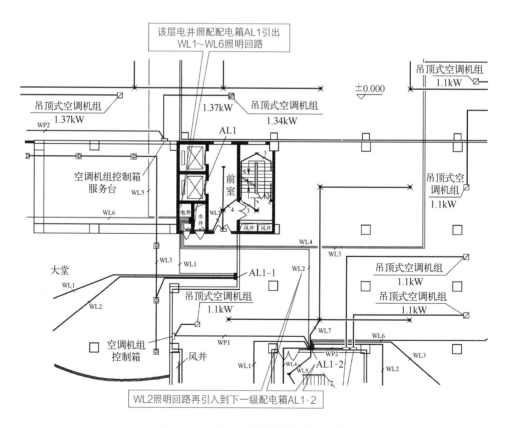

图 4-23　一层电力照明平面图整体情况

别再引入到下一级配电箱 AL1-1、AL1-2、AL1-3、AL1-4、AL1-5、AL1-6，如图 4-23 所示。然后由分级配电箱 AL1-1、AL1-2、AL1-3、AL1-4、AL1-5、AL1-6 再引出相应空间的灯具线路、插座线路、空调线路等。

（5）例如 AL1-2 分级配电箱引出的线路：WP1 回路、WP2 回路；WL1 ～ WL7 回路。WP 是指动力回路，WP1 回路引到空调机组控制箱，再到 1.1kW 吊顶式空调机组。WP2 回路引到 2 个空调机组控制箱，该 2 个控制箱分别到各自的 1.1kW 吊顶式空调机组。WL1 ～ WL4 回路，分别引到相应位置门的程控交换机。WL5 回路，引到楼道吸顶灯与开关。WL6 回路，引到建筑右边空间与楼道的灯与开关。WL7 回路，引到 5 盏应急吸顶灯。AL1-2 分级配电箱引出的线路如图 4-24 所示。

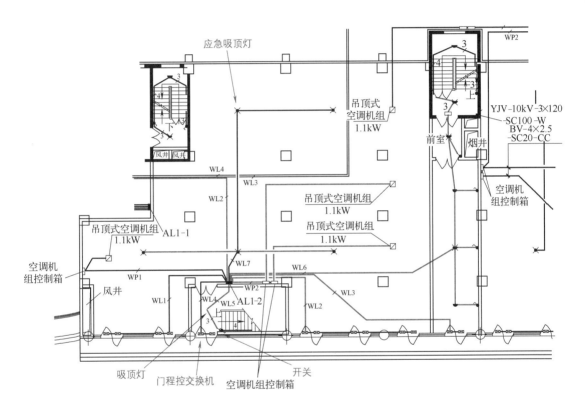

图 4-24　AL1-2 分级配电箱引出的线路

（6）其他分级配电箱线路识图类似，不再赘述。

（7）看七～十五层电力照明平面图以及综合看其他层电力照明平面图可以得知，图中中间的电井、水井、楼道以及右边楼道是加黑线绘制的，并且地下层、一层、七～十五层等位置不变，则说明这些层均设有该空间，并且从下至上贯通。看七～十五层电力照明平面图得知，从电井引出回路到楼层服务、男卫、女卫的 WL12 照明线路、WL13 插座回路，引出回路 WL1 ～ WL11 到办公室、水井等空间。有的回路由几个办公室共用，例如 WL4 回路引入 4 个照明配电箱中，4 个照明配电箱并联，相当于挂在 WL4 回路主干线上。七～十五层电力照明平面图局部图如图 4-25 所示。

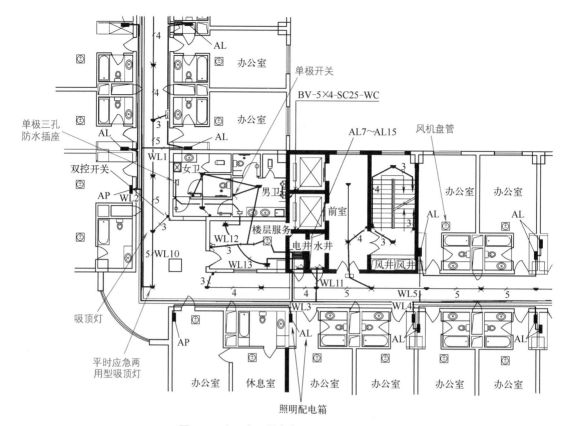

图 4-25　七～十五层电力照明平面图局部图

4.2.5　某屋面层电力、照明平面图的识读

　识读

　　（1）某屋面层电力、照明平面图如图 4-26 所示。看图可知，屋面这层有 3 间办公室、1间休息室、楼层服务、男卫、女卫、电梯机房、电井、水井、冷（热）水机组、锅炉房、屋面箱式变电站等。这些设施、空间，与其他楼层相差很大。为此，屋面电力、照明平面图的布置与特点，与其他层的平面图的布置与特点相差较大。

　　（2）看图可知，屋面电力、照明平面图的 3 间办公室、1 间休息室、楼层服务、男卫、女卫的照明线路、插座线路跟其他层的识图方法差不多。

　　（3）看图可知，电井到电梯机房的电线敷设，主要看线路与文字符号来理解：从电井引出的线路如下。WL7：BV-3×2.5-SC15-WC。WL6：BV-2×2.5-SC15-WC。BV-5×4-SC25-WC。WP10：NH-YJV-3×25+2×16-SC50-FC。WPE10：NH-YJV-3×25+2×16-SC50-FC。WP11：NH-YJV-3×25+2×16-SC50-FC。WPE11：NH-YJV-3×25+2×16-SC50-FC。

　　（4）看图可知，屋面箱式变电站引出线到电井敷设方式为 YJV-10KV-3×120-SC100-FC，屋面箱式变电站引出线到电锅炉（循环水泵控制箱、补水泵控制箱），敷设方式为 WP5：YJV-3×25+2×16-SC50-FC。屋面箱式变电站引出线到生活热水水泵控制箱、热循环水泵控制箱、

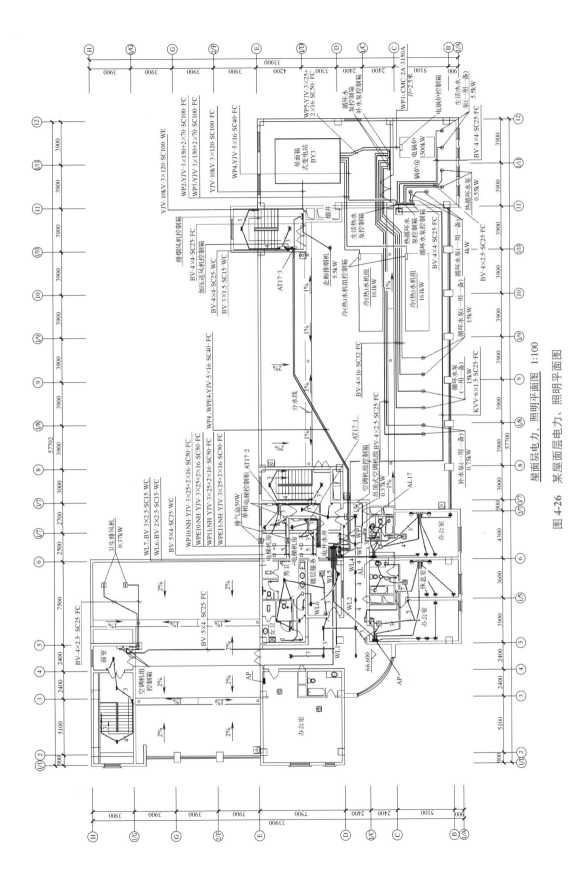

图 4-26 某屋面层电力、照明平面图

循环水泵控制箱，敷设方式为 WP4：YJV-5×16-SC40-FC。生活热水水泵控制箱再与生活热水水泵（一用一备）相连。热循环水泵控制箱再与热循环水泵相连。循环水泵控制箱再与循环水泵（一用一备）相连。

（5）屋面箱式变电站引出线到冷（热）水机组控制箱，敷设方式为 WP2：YJV-3×150+2×70-SC100-FC；WP3：YJV-3×150+2×70-SC100-FC。

（6）循环水泵控制箱引出线到 2 组循环水泵（一用一备）15kW，敷设方式为：BV-4×16-SC32-FC。

（7）补水泵控制箱引出线到补水泵（一用一备）0.75kW，敷设方式为：BV-4×2.5-SC25-FC。

（8）看图可知，从电井引出线到加压送风机控制箱、排烟风机控制箱，敷设方式为 WP4、WPE4：YJV-5×16-SC40-FC。排烟风机控制箱到走廊排烟机 5.5kW 敷设方式为：BV-4×4-SC25-FC。

（9）看图可知，从电井引出线 WP1 到空调机组控制箱，空调机组控制箱再到吊顶式空调机组 0.37kW。电井引出另外引出线到空调机组控制箱，然后到卫生间排风机。

4.2.6　某高压、低压配电系统图的识读

地下室高、低压配电系统图(一)

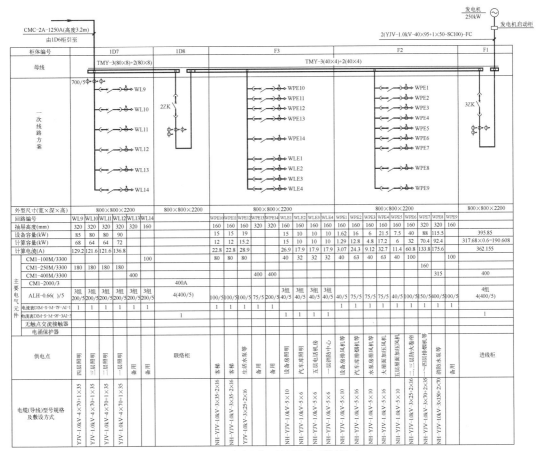

地下室高、低压配电系统图(二)

图 4-27　某高压、低压配电系统图

 识读

（1）某高压、低压配电系统图如图 4-27 所示。看图（一）可知，顺着电源引入端向配出端看，经过 BY1　SCRB10H-1000kVA/10/0.4kV 变压器变压，然后进入 1D1 柜体（进线柜）连接母线，以及一次线路 1ZK、SUM18-50/3P 等，进线柜电气连接引出母线，然后引出母线连接 1D2、1D3 柜体无功补偿线路；1D4、1D5、1D6 柜体线路回路。然后由 1D6 柜体 CMC-2A-1250A（高度 3.2m）引到 1D7 柜体。顺此线路识读图（二）1D7 柜体通过 TMY-3（80×8）+2（80×8）母线再分成多个回路。TMY-3（80×8）+2（80×8）母线也与 1D8 联络柜实现电气引入。1D8 联络柜经过 2ZK 等后把电气引出到 TMY-3（40×4）+2（40×4）母线上。然后 TMY-3（40×4）+2（40×4）母线分别与 F3、F2 柜实现电气引入，并且 F3、F2 柜引出多个回路。TMY-3（40×4）+2（40×4）母线还与进线柜 F1 柜电气连接。F1 柜，也就是发电机、发电机启动柜引入的发电电气电缆，然后经过 F1 柜相应控制电缆后与 TMY-3（40×

4）+2（40×4）母线电气连接，实现发电供电。综合系统，就能够实现双供电。

（2）识图具体柜的特点，以1D4柜为例进行介绍。1D4柜外形尺寸（宽×深×高）对应的参数为800×800×2200，回路编号对应的有WP1、WP2、WP3、WP4、WP5、WP6、WP7、WP8、WP9回路等。具体回路抽屉高度（mm）、设备容量（kW）、供电点、电缆（导线）型号规格及敷设方式等看对应项的表示即可。1D4柜对应项的表示如图4-28所示。

（3）NH-YJV，表示耐火电缆（NH），YJV是交联聚乙烯绝缘聚氯乙烯护套的电力电缆。NH-YJV电缆主要用于1kV和10kV的电力系统中。

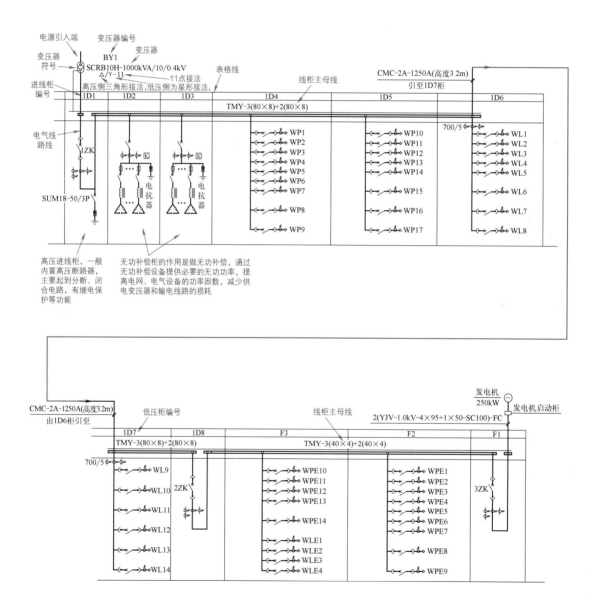

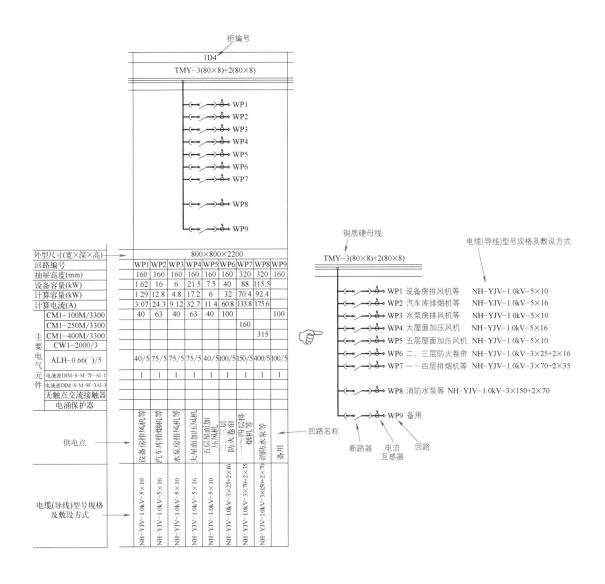

图 4-28　1D4 柜对应项的表示

（4）CM1-100M/3300，表示 CM1 系列交流塑壳断路器。

（5）TMY-3（80×8）+2（80×8）：T 为铜的声母，M 为母的声母，Y 为硬的声母。TMY，则为铜排硬母线。3（80×8）表示三条相线 80mm 宽、8mm 厚的硬铜排。2（80×8）表示零排和地排各由 2 根截面为 80mm×8mm 的铜母线组成。

4.3.1 某楼层电话、电视平面图的识读

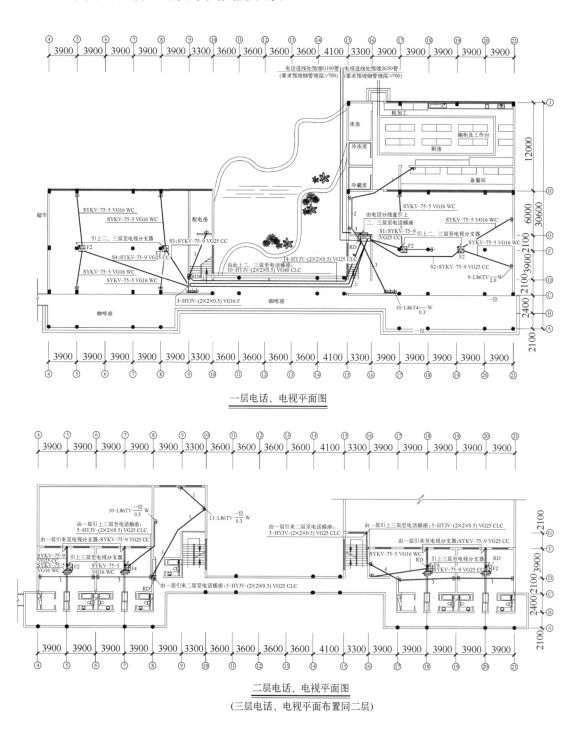

图 4-29 某楼层电话、电视平面图

（1）某楼层电话、电视平面图如图4-29所示，其图解如图4-30所示。看图可知，从有线电视进线端开始识图，有线电视线经过进线处预埋2G50管保护进线引到RD。然后引出S1～S4电视系统干线，采用SYKV-75-9 VG25 CC，即为SYKV-75-9型同轴电缆穿阻燃PVC管VG25暗敷设。S1～S4电视系统干线，再引到分支器盒F2（F4）上，然后引到电视插座上。引到电视插座上的线路，均采用SYKV-75-5 VG16 WC，即为SYKV-75-5同轴电缆穿阻燃PVC管VG16管暗敷。另外，S1～S4电视系统干线上连接的分支器盒F2均引上二、三层至电视分支器。

（2）看图可知，从电话进线端开始识图，电话进线经过进线处预埋G100保护管到RD，然后引出。电话分支线采用HYJV（2×2×0.5）四芯电话电缆穿阻燃型PVC管埋楼板、墙（柱）暗敷。RD、RD1，均引上二、三层至电话插座。

楼层电话、电视平面图图解，如图4-30所示。

（3）由一层平面图可知，入端电话线进线后，直接连到电话插座；电视进线后，经过分支器盒再引到电视插座。

（4）看文字得知，三层电视、电话布置与二层的布置情况一样，即三层电视、电话平面图参看二层电视、电话平面图即可。

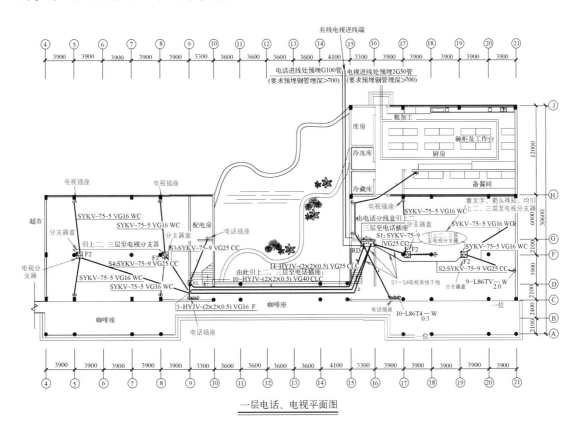

一层电话、电视平面图

图 4-30

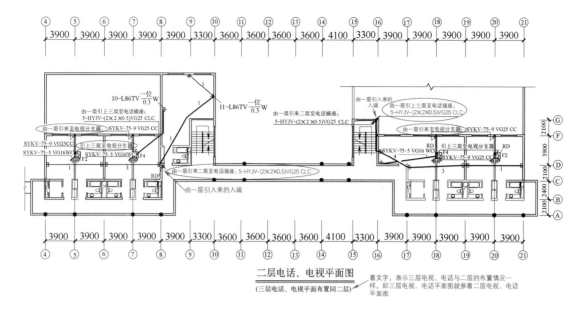

二层电话、电视平面图

（三层电话、电视平面布置同二层）

看文字，表示三层电视、电话与二层的布置情况一样，即三层电视、电话平面图就参看二层电视、电话平面图

图 4-30 楼层电话、电视平面图图解

4.3.2 某电话系统图的识读

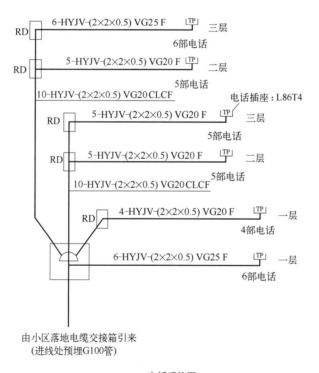

电话系统图

图 4-31 某电话系统图

（1）某电话系统图如图 4-31 所示。电话系统图，表示的是整个建筑各层的电话系统的连接情况。

（2）看图可知，电话进线处预埋 G100 管，该信息结合图 4-29 的一层平面图也可知。电话进线后进入分配器。一层 6 部电话通过 6-HYJV-（2×2×0.5）VG25 连接电话插座。一层 4 部电话通过 4-HYJV-（2×2×0.5）VG20 F 连接电话插座。然后分两支，分别与二层、三层部分电话连接。

（3）HYJV 电缆是铜导体，耐寒，采用交联聚乙烯绝缘聚氯乙烯护套电缆。

（4）HYV2×1/0.4 CCS：HYV 表示英文型号、2 代表 2 芯、1/0.4 CCS 表示单支 0.4mm 直径的铜包钢导体。CCS 表示铜包钢。

（5）HYV4×1/0.5 BC：HYV 表示英文型号、4 代表 4 芯、1/0.5 BC 表示单支 0.5mm 直径的纯铜导体。BC 表示全铜。

（6）HSYV 2×2×0.5：S 表示双绞，2×2 代表 2 对（4 芯）双绞、0.5 代表单支 0.5mm 直径的导体。

通信电缆的代号见表 4-20。

表4-20 通信电缆的代号

代号	意义
HYA	铜芯实心聚烯烃绝缘挡潮层聚乙烯护套市内通信电缆
HYAT	铜芯实心聚烯烃绝缘填充式挡潮层聚乙烯护套市内通信电缆
HYAC	铜芯实心聚烯烃绝缘自承式挡潮层聚乙烯护套市内通信电缆
HYA53	铜芯实心聚烯烃绝缘挡潮层聚乙烯护套钢塑带铠装聚乙烯护套通信电缆
HYAT53	铜芯实心聚烯烃绝缘填充式挡潮层聚乙烯护套钢塑带铠装聚乙烯护套市内通信电缆
HYA22	铜芯实心聚烯烃绝缘挡潮层聚乙烯护套钢带铠装聚氯乙烯护套市内通信电缆
HYA23	铜芯实心聚烯烃绝缘挡潮层聚乙烯护套钢带铠装聚乙烯护套市内通信电缆
HYAT22	铜芯实心聚烯烃绝缘填充式挡潮层聚乙烯护套钢带铠装聚氯乙烯护套市内通信电缆
HYAT23	铜芯实心聚烯烃绝缘填充式挡潮层聚乙烯护套钢带铠装聚乙烯护套市内通信电缆

4.3.3 某电视系统图的识读

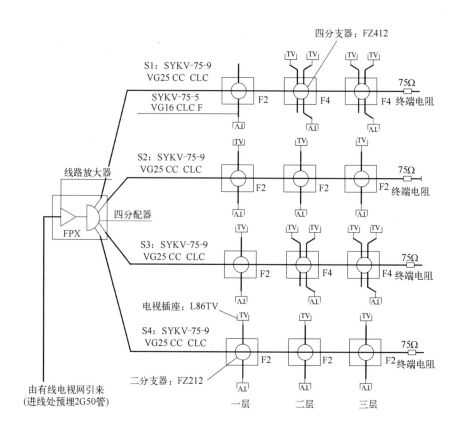

电视系统图

图 4-32　某电视系统图

 识读

（1）某电视系统图如图 4-32 所示。看图可知，电视进线经预埋 2G50 管引入，然后经过线路放大器、四分配器，分为 4 条支路。4 条支路，再分别与次级二分支器（或者四分，或者二分四分兼有）相连。每组次级分支器，均是一层、二层、三层的分支器连接，并且末端接 75Ω 终端电阻。

（2）SYV75-×（× 代表其绝缘外径为 3mm、5mm、9mm 等，数字越大则表示线径越粗）。SYV 中的 S 表示同轴射频电缆，Y 表示聚乙烯，V 表示聚氯乙烯，75 表示特征阻抗。

4.3.4 某接地装置平面图、防雷平面图的识读

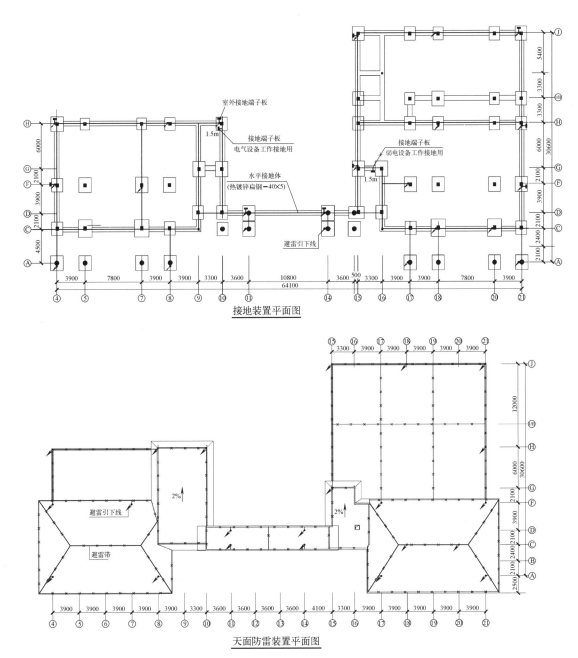

接地装置平面图

天面防雷装置平面图

图 4-33 某接地装置平面图、防雷平面图

 识读

（1）某接地装置平面图、防雷平面图如图 4-33 所示。看图可知，室外为接地端子板，接地端子板分为电气设备工作接地用、弱电设备工作接地用。水平接地体，采用热镀锌扁钢

－40×5。避雷引下线利用柱内四根主钢筋通长焊接。

（2）水平接地体的安装具体位置可以根据定位轴线尺寸来确定。

（3）看图可知，避雷引下线利用柱内四根主钢筋通长焊接。避雷带采用直径12mm的热镀锌圆钢（从略掉的设计说明中读出）。

（4）天面沿屋脊、屋檐等敷设避雷带作接闪器。天面上所有外露的金属物件，均需要就近与避雷带可靠焊连。

（5）按符号箭头 的位置利用结构柱内的对角四根主钢筋自下而上通长焊连成电气通路作为引下线。其下端除与水平接地极可靠焊连外，还需要与土建基础底部钢筋焊连；其上端需要与屋面避雷带可靠焊连。

（6）每根防雷引下线下端均焊引出一根防雷接地线引到距外墙1m处，接地线采用12mm镀锌圆钢，埋深≥0.7m（从略掉的设计说明中读出）。

（7）采用－40×5镀锌圆钢电气焊连成闭合通路作为水平接地极，为了尽可能减少人工接地极的腐蚀程度，尽量将其埋设在混凝土内。

（8）符号 表示接地端子板，一般采用100mm×100mm×8mm镀锌钢板。

（9）本例工程防雷与电力接地共用接地装置，其接地电阻应不大于1Ω。如果实测达不到应另增设接地极。

（10）天面避雷带应与引下线、接地装置焊接成一体，形成闭合的电气通路。

（11）防雷装置的金属件均需要热镀锌，焊接位置需要刷红丹二度，银漆二度。

Chapter 5

第 **5** 章

消防工程水电识图

5.1 识图基础与单元图识读

5.1.1 消防工程图的图线和图例

表5-1 消防工程图的图线和图例

消防设施	平面图符号	系统图符号
平面室内单口消火栓		
平面室内双口消火栓		
自动喷洒头（开式）		
自动喷洒头（闭式）下喷		
自动喷洒头（闭式）上喷		
自动喷洒头（闭式）上下喷		
侧墙式自动喷洒头		
侧喷式喷洒头		

识读

（1）消防工程图的图线和图例如表5-1所示。工程图中有图线图例的表示与说明的，以图为准。如果没有图线图例表示与说明的，则看图是否可遵循有关规范与要求来识图。

（2）看消防图，可以结合系统图与平面图理解每层管线的走向。识图时，一般先找到进水点，然后根据系统管线的布置来找每一层平面图的具体位置。

（3）生活给水系统、消防给水系统均属于给水系统的范畴。因此，识读消防给水系统可以借鉴识读生活给水系统的方法、顺序来进行。

（4）有的消火栓给水管道系统图归属给排水工程施工图中，为此，需要再阅读水施图。

（5）看消防给水图与生活给水图不完全一样。因为，消防给水一般需要遵循现行标准来设计。识图时应注意其与生活给水规范要求的差别。例如，消火栓水泵与生活给水水泵的要求就不尽相同。

（6）识读消防图，首先看说明、看图例。说明是提纲、是意图、是交代，是提早的领会与准备。识图时，带着这些"提纲、意图、交代"则会事半功倍。看图例，就是提早知会管路上"个个好汉是谁"，先混个熟脸。有的图例是遵循常规的，有的是自定义的。但是无论是否符合常规，一般都是以图中提供的图例为依据。如果图中没有提供的图例，则以通用性、常规性、标准规范的要求等为参考。

（7）消火栓管道一般用 XH 表示。自动喷淋管道一般用 Z 或者 ZP 表示。

5.1.2　室内消火栓系统图的识读

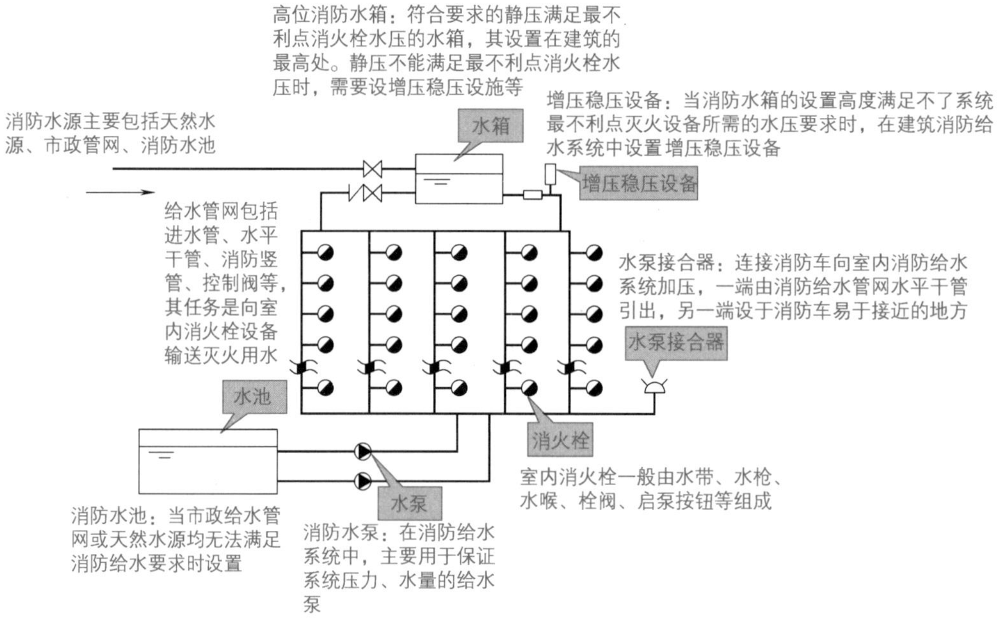

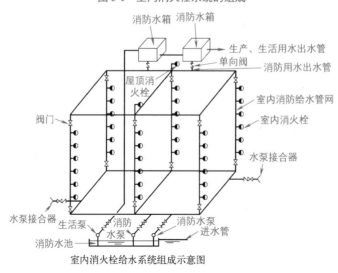

图 5-1　室内消火栓系统的组成

室内消火栓给水系统组成示意图

图 5-2　室内消火栓系统图

识读

（1）室内消火栓系统的组成见图 5-1，其系统图如图 5-2 所示。室内消火栓系统是把室外给水系统提供的水通过管道系统直接或经加压输送到建筑物内，为扑救火灾而设置的固定灭火系统。

（2）看图可知，室内消火栓给水系统一般由消防水源、消防给水设施、消防给水管网、室内消火栓设备、 控制设备等组成。其中，消防给水设施包括消防水泵、消防水箱、水泵接合器等设施，其主要任务是使用消防水源的水，为消火栓系统间接储存并提供灭火用水。

（3）识图时，注意消防给水管道消火栓的布置、口径大小、消防箱的形式与设置等情况。

5.1.3　消防水箱给排水透视图的识读

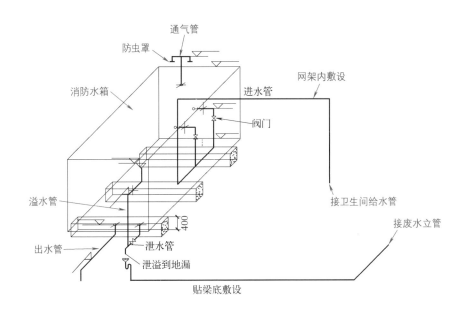

水箱间给排水透视图

图 5-3　消防水箱给排水透视图

 识读

（1）消防水箱给排水透视图如图 5-3 所示。透视图，可以在二维平面上准确地描绘三维空间物体的形状、大小等信息，具有一定的立体感，从而在理解原理、施工图特点时更全面、更准确。系统图一般均采用透视图。

（2）看图可知，进水管从卫生间给水管引入，然后经网架内敷设进入消防水箱，再在消防水箱接阀门等。消防水箱上还安装了通气管，通气管上面安装防虫罩。防虫罩在 T 形管下安装。消防水箱上安装溢水管、泄水管，然后两管合一，泄溢到地漏进入废水立管。

（3）消防水箱的作用主要是提供水源、保持消防水压等。

（4）消防水箱通气管的作用主要是确保消防水箱内部的通气交换，保障消防系统正常运行。

（5）通气管上的防虫罩的作用主要是防止小昆虫、小动物等进入水箱，避免影响排水效果。

（6）溢水管的作用主要是排出多余的水，使水箱的水位维持在合理的高度。

（7）泄水管的作用主要是排水、防堵塞等。

5.1.4 消防电气平面图的识读

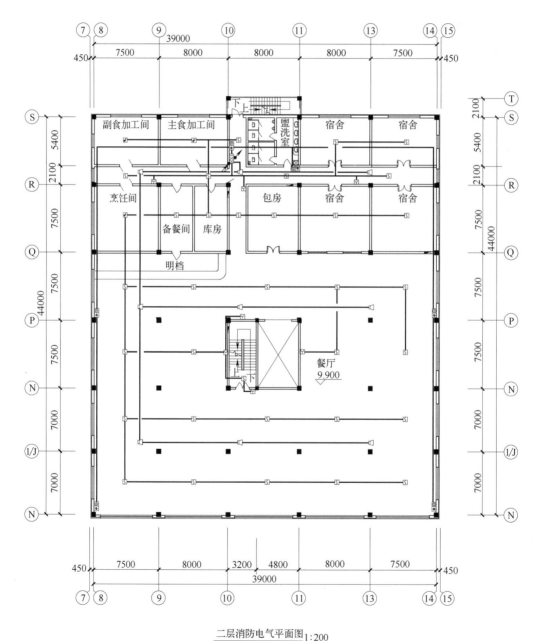

二层消防电气平面图 1:200

图 5-4 消防电气平面图

（1）消防电气平面图如图 5-4 所示。建筑消防部分的相关图纸，往往包括火灾自动报警系统相关图纸、消防联动控制系统相关图纸、应急广播系统相关图纸、消防直通对讲电话系统相关图纸、应急照明系统相关图纸等。

（2）有的消防应急广播与背景音乐广播共用一套线路、扬声器，火灾确认后关闭正常广播。也有的消防应急广播单独配管，消防报警、联动配线引自消防控制室，采用阻燃、耐火导线穿钢管。

（3）看图 5-4 可知，该消防平面图主要涉及消防扬声器、气体探测器、烟感探测器、手动报警器的平面布置情况等，其局部解读如图 5-5 所示。

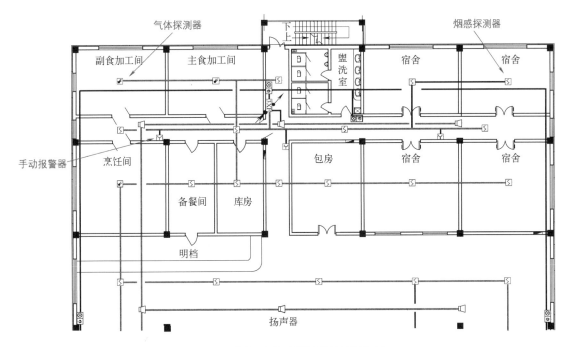

图 5-5　消防平面图主要涉及的平面布置

（4）结合其他图与说明，得知火灾自动报警信号总线采用 ZR-RVS-2×1.5；DC24V 电源干线采用 ZR-BV-2×6；DC24V 电源支线采用 ZR-BV-2×2.5；应急广播线采用 ZR-RVS-2×1.5；消火栓按钮线采用 ZR-RVS-2×1.5；消防电话插孔线采用 NH-RVVP-2×1.5；消火栓按钮直接启泵线采用 NH-BV-4×1.5。

5.1.5　火灾自动报警及联动控制系统的识图

火灾自动报警控制系统既能够对火灾发生进行早期探测、自动报警，又能够根据火情位置及时输出联动灭火信号，并且启动相应的消防设施，进行灭火。

火灾报警控制系统主要由三部分组成：火灾探测、火灾报警、联动控制。火灾报警与消防控制的关系如图 5-6 所示。

火灾自动报警及联动控制系统的识图

扫码观看视频

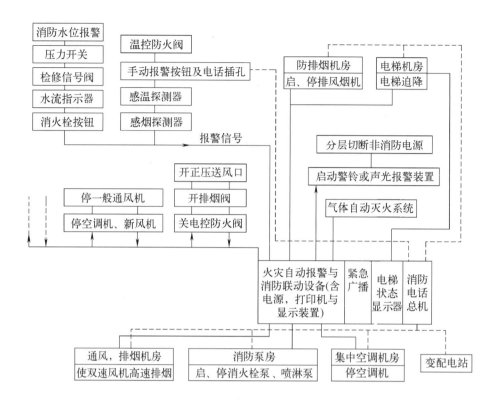

图 5-6　火灾报警与消防控制的关系

消防联动控制系统由消防联动控制器、模块、消防电气控制装置、消防电动装置等消防设备组成，完成消防联动控制功能，并且能接收和显示消防应急广播系统、消防应急照明、疏散指示系统、防烟排烟系统、防火门及卷帘系统、消火栓系统、各类灭火系统、消防通信系统、电梯等消防系统或设备的动态信息。

火灾自动报警与联动控制系统图如图 5-7 所示。

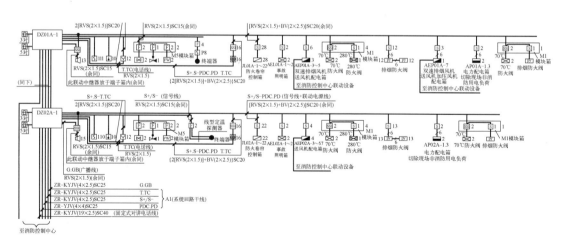

图 5-7　火灾自动报警与联动控制系统图

识读

（1）看图可知，该系统采用消防控制中心报警系统，并且是采用总线制方式，直接或通过相应中继器进行探测或控制。其中消防水泵、喷洒泵、消防类风机等设备的启停均设消防控制室手动直接控制，即采用硬线连接方式。

（2）看图可知，干线回路信号线采用 ZR-KYJV（4×2.5）型电缆，联动电源线采用 ZR-YJV（4×4）型电缆，电话线采用 ZR-KYJV（4×2.5）型电缆，广播线采用 ZR-KYJV（4×2.5）型电缆，固定式对讲电话线采用 ZR-KYJV（n×2.5）型电缆，火灾显示盘与报警控制器间的连接线（Y）采用 ZR-KYJV（8×2.5）型电缆，火灾显示盘电源线（P）采用 ZR-YJV（4×4）型电缆。

（3）看图可知，报警控制器与消防中心连接，然后引线控制智能型感烟探测器、普通感烟探测器、智能感温探测器、信号阀、手动报警按钮（带电话插孔）、消火栓报警按钮（带电话插孔）、水力报警阀、排烟防火阀、编址中继器、联动中继器、固定式消防电话、70℃防火阀、280℃防火阀、终端器、中继器箱等设备，实现不同的探测、报警、联动控制功能。火灾自动报警及联动控制系统图图解如图5-8所示。

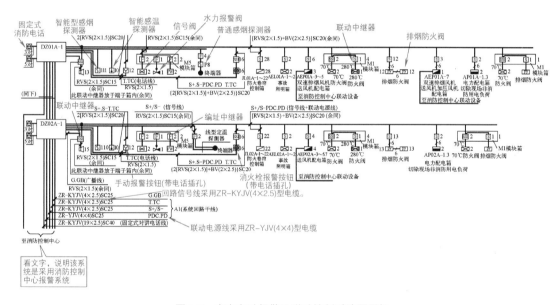

图 5-8　火灾自动报警及联动控制系统图图解

5.1.6　消防给水系统图的识图

识读

（1）消防给水系统图如图5-9所示。一般消防系统图的主要作用是表示管线连接方式、规格。

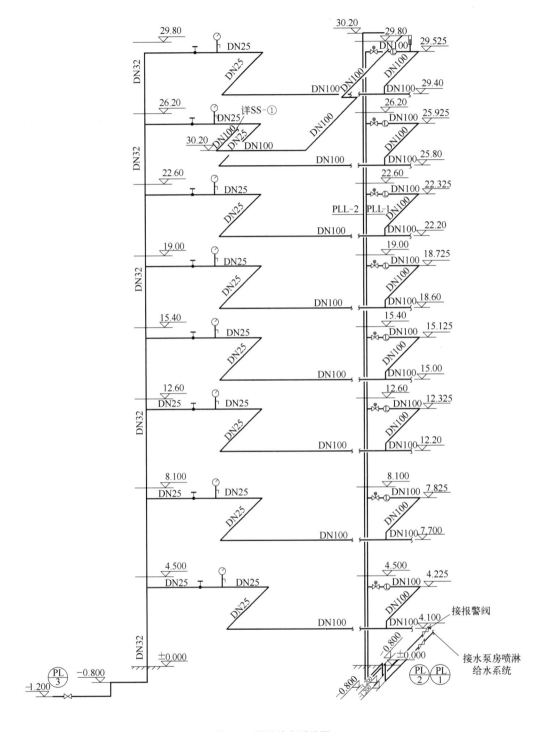

图 5-9 消防给水系统图

（2）消防系统图，顾名思义，就是要体现出整体系统的图，类似于书籍的目录，显示出整个系统的工作状态、连接方式。

（3）识读消防系统图，可以采用先简后繁的顺序来逐步阅读，并且随时在相关的平面图上对照确认。

（4）可以先通读水施，发现图中是否有特别的地方，例如水泵、突出密集的管道管件、封闭式管网、图中有小方框等的情况。

（5）消防系统图一般会标明管道、水泵、标高、阀门等情况，在图上均可清楚识读。

（6）识读消防系统图，往往涉及不同楼层的管道、附件等，为便于清楚理解，识读时可以"屏蔽"掉其他楼层的管道、附件等，只保留同楼层的内容。对于多个立管，如果图较复杂，也可以采用"屏蔽"掉其他不直接相关的管道、附件等的方法，集中识读一个立管相关的内容。

（7）识读消防系统图时，XL-1～XL-3一般表示共3根消火栓立管。XL-1表示编号1的立管，其余两根立管分别是编号2的立管、编号3的立管。其他情况，类似识读即可。

（8）识读消防系统图，必须理清立管是否继续向上延伸，还是在哪里转方向了；立管是一直等径，还是在哪里变径了。

（9）看图可知，本图是喷淋给水系统图，有1号单元系统（PL/1）、2号单元系统（PL/2）、3号单元系统（PL/3）。

（10）看图可知，1号单元系统（PL/1）位于-1.200m位置，从接水泵房喷淋给水系统引入，然后接截止阀，再向上转向90°，然后在-0.80m位置再转向90°，并且布一段直管，再转转向上90°成为立干管，根据"断后不断前"的原则，立干管与横管交叉画出的位置可以看出立干管在后面、横管在前面。立干管在每层均有分支，如图5-10所示。

横管分支上的"Ⓛ"符号，表示"水流指示器"。

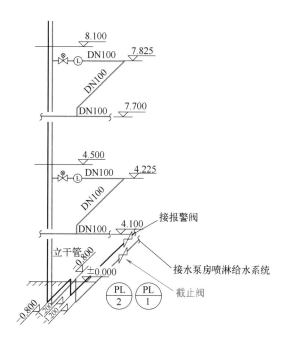

图5-10　喷淋给水系统图1号单元系统

5.1.7 某项目消火栓系统图的识图

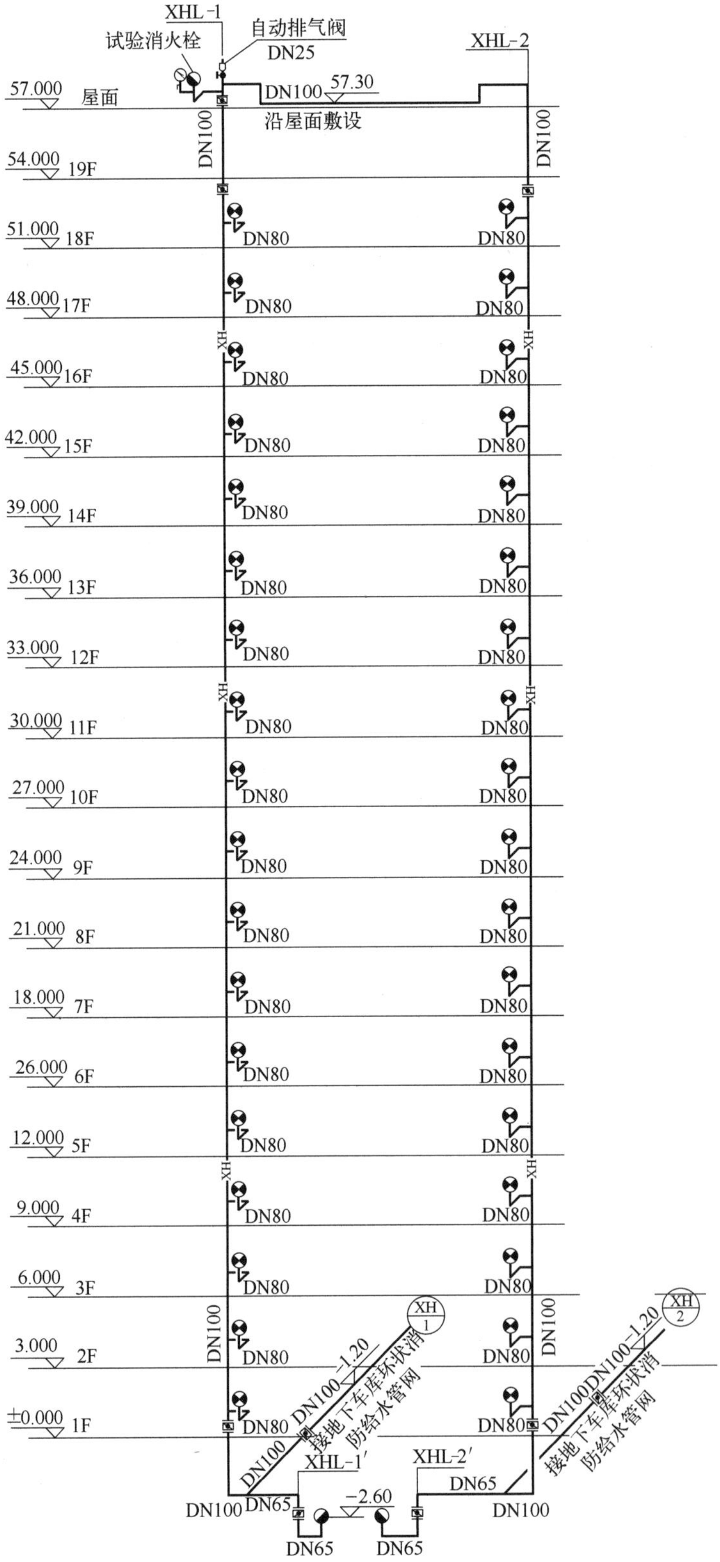

图 5-11 某项目消火栓系统图

（1）某项目消火栓系统图如图 5-11 所示。消火栓系统在火灾发生时提供水源、动力，用于灭火。消火栓系统往往分为室内消火栓、室外消火栓等类型。消火栓系统，主要由消防水源、消防泵、管道、消火栓、水带、水枪等组成。

（2）整个建筑的室内消火栓系统，也涉及各层消火栓的设置。将给水系统与消火栓系统绘制在同一张图上，就能够理解了，如图 5-12 所示。

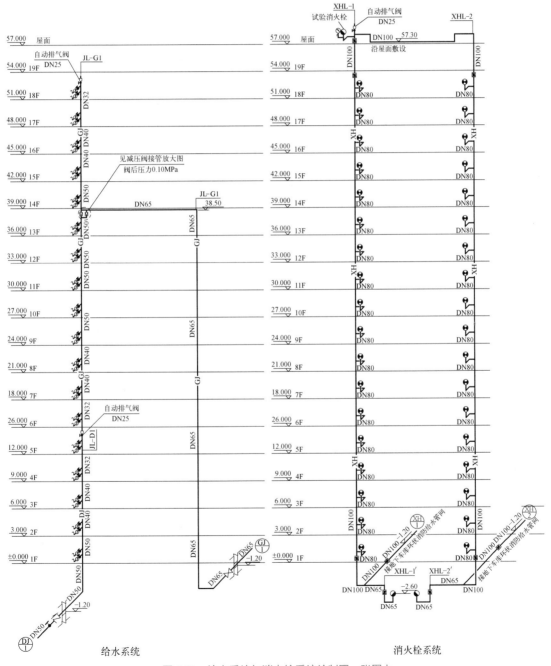

图 5-12　给水系统与消火栓系统绘制同一张图上

（3）看图 5-12 可知，消火栓系统，图中分两路 XH/1、XH/2。看图可知，XH/1、XH/2 均接地下车库环状消防给水管网。XH/1、XH/2 系统原理与消火栓系统基本一样，只是沿屋面敷设 DN100 管道实现连通，并且共用自动排气阀。另外，XH/1 消火栓立干管上设置试验消火栓分支管。

（4）消火栓系统识图图解，如图 5-13 所示。

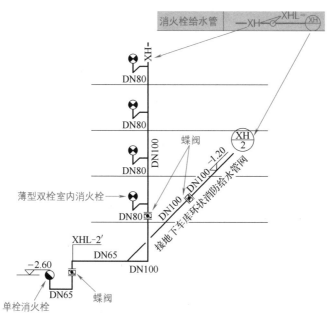

图 5-13　消火栓系统识图图解

（5）看图可知，XH/2 由 DN100 引入后，首先经过蝶阀，DN100 主干一层引到屋面。DN100 主干管的一个分支，往楼上接立管。DN100 主干在每层均分支薄型双栓室内消火栓管路。另一分支 DN65 管路经蝶阀，再到单栓消火栓。

（6）XH/1 消火栓系统识图基本相似，不再赘述。

5.1.8　水泵房剖视图的识读

 识读

（1）某水泵房剖视图如图 5-14 所示。看图可知，标高 0.000、-3.700m、-3.400m、-4.970m 等，说明是地下室水泵房。

（2）消防水泵主要用于向消防系统供应足够的水压、流量，以确保消防系统正常运行，有效应对火灾。

（3）消防水泵的吸水管口径一般应大于或等于消防水泵进口口径，以保证吸入的水能够满足水泵的供水要求。

（4）消防水泵吸水管路的一般顺序是：消防水池→控制阀→过滤器（如果设有）→压力表→挠性接头→偏心大小头→水泵吸水口。

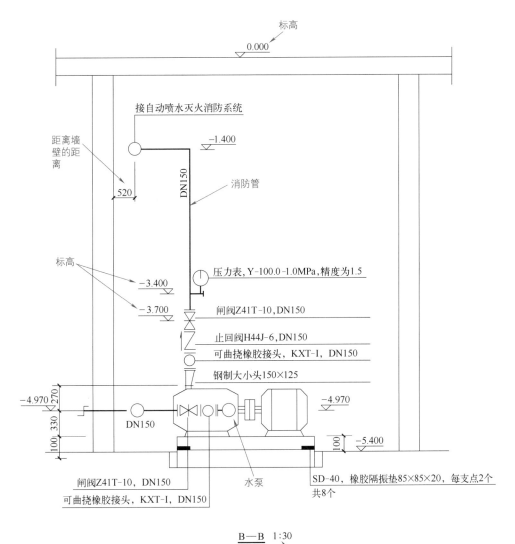

图 5-14　某水泵房剖视图

（5）看图可知，该消防水泵的吸水管口径采用 DN150。消防水泵经吸水管，然后连接闸阀 Z41T-10、可曲挠橡胶接头等。连接闸阀是为了方便检修与控制。水泵的进出管路通过挠性接头连接，是为了方便安装、减震等。

（6）消防水泵的出水管路的一般次序是：大小头→挠性接头→压力表→止回阀→控制阀→流量计和防超压装置接口等。

（7）看图可知，该消防水泵的出水管路，经钢制大小头 150×125 连接，然后经可曲挠橡胶接头、止回阀 H44J-6，再到闸阀 Z41T-10，然后与精度为 1.5 级的压力表 Y-100 相连，然后在 −1.400m 位置接左向 90° 弯头，接自动喷水灭火消防系统。

（8）为了防止水锤危害，止回阀宜采用水锤消除止回阀。当消防水泵供水高度超过 24m 时，一般采用水锤消除器。

（9）控制阀常安装在止回阀后，这样方便止回阀、水泵的检修。压力表常设置在止回阀前面，以正确反馈水泵出口压力。流量计接口位置常在止回阀和控制阀间，以方便检修维护。

5.2 某工程消防水套图的识读

5.2.1 某工程一层消火栓给水平面图的识读

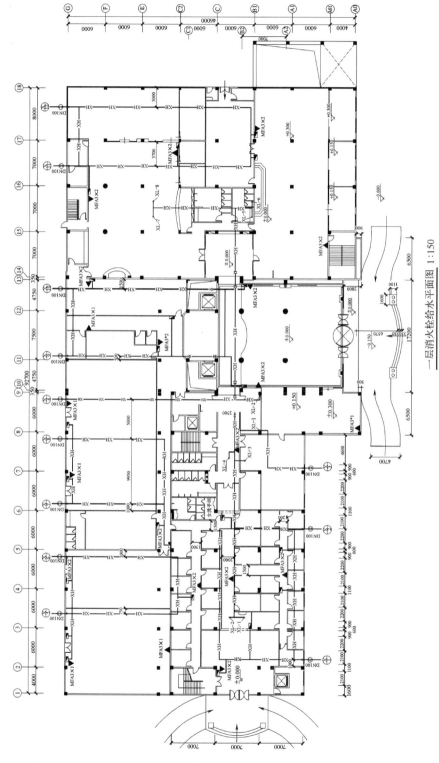

一层消火栓给水平面图 1:150

图 5-15 某工程一层消火栓给水平面图

（1）某工程一层消火栓给水平面图如图 5-15 所示。平时，消火栓系统是一个封闭的、静止的系统，其管网内部维持一定的压力。火警发生时，其水流方向将是由室外给水管网、消防水泵、水泵接合器、高位水箱等处流向消火栓的终端水枪。

（2）看图可知，该图主要涉及消火栓给水管的平面布管、消防栓的平面位置、附件的平面位置等情况。

（3）看图可知，消防栓给水管的平面布置主要是根据建筑空间的布局分布的，应尽量做到有序不凌乱。该项目房屋、走廊、楼梯、电梯布局工整，因此消防栓给水管的平面布置也横平竖直。

（4）看图可知，该图所有相应房屋、走廊等均有消防栓给水管布置，并且采用干管上分支路的分布方式。

（5）下面以图 X/5 消火栓给水系统与 X/6 消火栓给水系统的平面图为例进行介绍识图。

假设房间编号为 ❶❷❸❹❺❻❼（见图 5-16），则 X/5 消火栓给水系统与 X/6 消火栓给水系统在这几个房间组成一个封闭的系统。X/5、X/6 消火栓给水干管组成封闭给水系统，并且该消防给水干管均通过各房间，布置形式为沿墙布置。消火栓采用给水支管连接，互通干管。

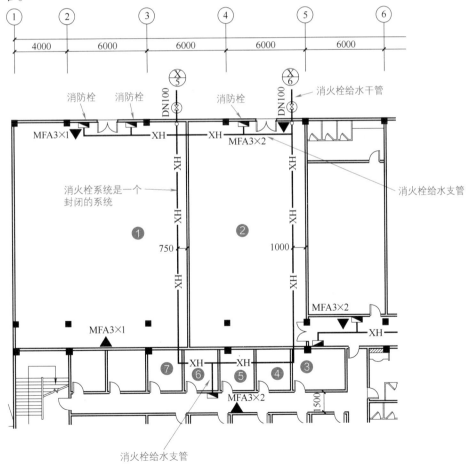

图 5-16　X/5 消火栓给水系统与 X/6 消火栓给水系统的平面图

5.2.2 某工程消火栓给水系统图的识读

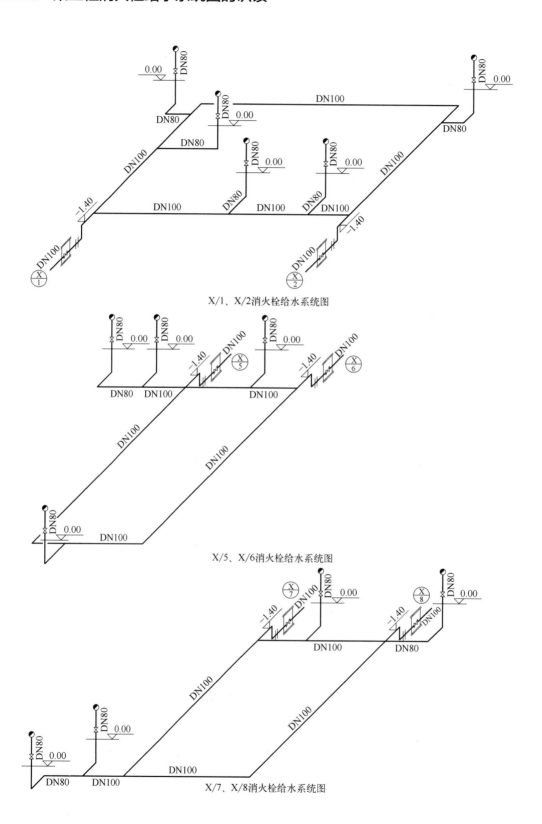

X/1、X/2消火栓给水系统图

X/5、X/6消火栓给水系统图

X/7、X/8消火栓给水系统图

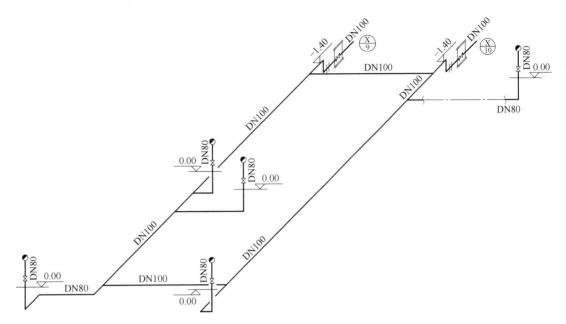

X/9、X/10消火栓给水系统图

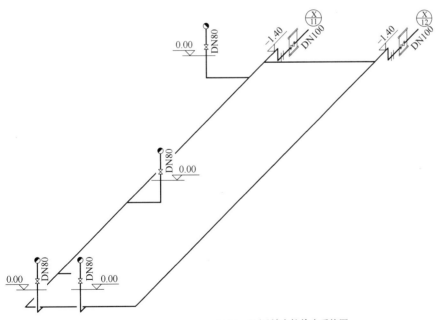

X/11、X/12消火栓给水系统图

图 5-17

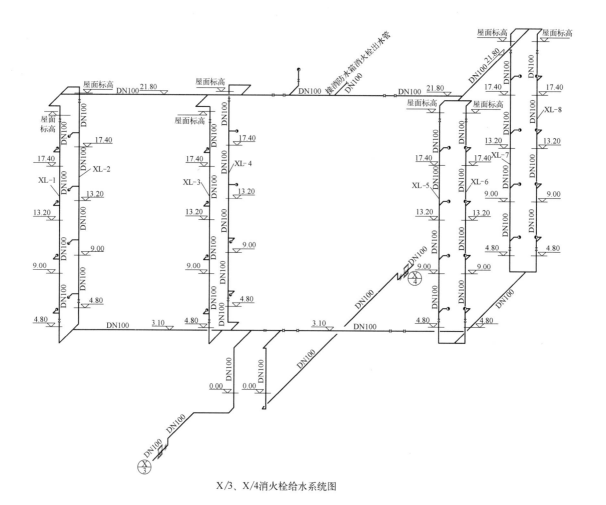

X/3、X/4消火栓给水系统图

图 5-17 某工程消火栓给水系统图

识读

（1）某酒店消火栓给水系统图如图 5-17 所示。看图  可知，该消火

栓给水系统图具有 12 个编号消火栓给水系统。根据编号，再在平面图中对应看，例如 X/1
消火栓给水系统与 X/2 消火栓给水系统的平面图与系统综合对比看，如图 5-18 所示。XH 表
示消火栓给水管。

（2）看图可知，X/1 消火栓给水系统通过 DN100 进水管输水进入，然后经闸阀后穿墙进
入。闸阀是起到切断、隔离、调节流量等作用。系统图上，可以看出消火栓给水干管穿墙进
入后法兰连接（看平面图上的符号 就可以知道）。之后，进入建筑室内，消火栓给水干管再

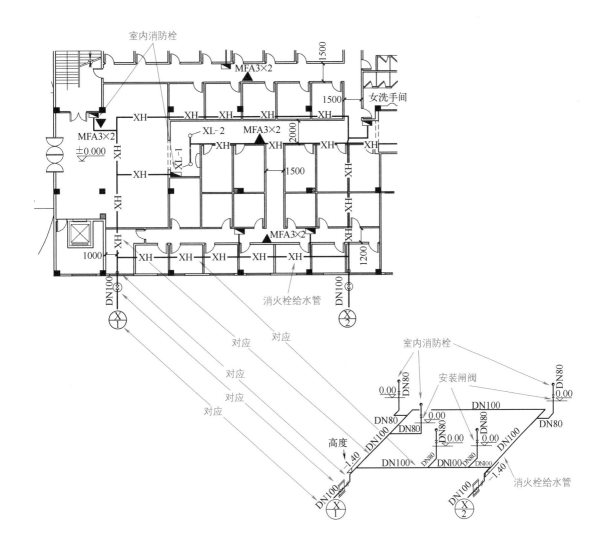

图 5-18　消火栓给水系统的平面图与系统综合对比看

90°转向向上，到高度 -1.4m 处后，再 90°转向纵向直线安装。此处的高度，平面图看不出来，需要通过看系统图中的标高得知。然后，消火栓给水干管分支横管（即三通），系统图标注了两条 DN100，平面图标注了两个 ━ XH ━。纵向消火栓给水干管再到需要安装室内消火栓的位置需要以三通分支出 DN80 横管。由图 5-19 可以看出，给水干管分支 DN80 横管横向布管后 90°转向向上安装室内消火栓。室内消火栓符号在系统图与平面图中的表示是不同的。通过看系统图可知，室内消火栓前面还要安装闸阀。然后，纵向消火栓给水干管前行后再接三通，分支 90°转向左，横向向前 2100mm 后再 90°转向右呈纵向安装闸阀与室内消防栓。可以看出尺寸通过看平面图得知，闸阀安装需要通过看系统图得知。纵向消火栓给水干管直通后再 90°转向右呈横向消火栓干管。

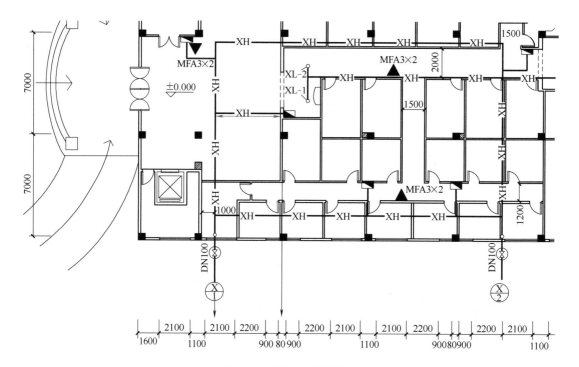

图 5-19　看尺寸、计算尺寸

附录　书中相关视频汇总

管道表达的单线图与双线图	某工程系统图的识读	某工程排水系统原理图的识读
某工程采暖系统的识读	地热分集水器节点详图的识读	某工程一层采暖平面图的识读
某项目空调风平面图的识读	某项目空调水平面图的识读	火灾自动报警及联动控制系统的识图
某项目消火栓系统图的识图		

参 考 文 献

［1］ 12YN1 采暖工程.

［2］ 12YD1 图形符号与技术资料.

［3］ 12YD4 电力与照明配电装置.